小学館文庫

犬から聞いた素敵な話

涙あふれる14の物語

山口 花

小学館

小学館文庫

犬から聞いた素敵な話

涙あふれる14の物語

山口 花

小学館

はじめに

私の子どもの頃は、犬といえば〝番犬〟でした。玄関《げんかん》先につながれて、知らない人が来ると大きな声で吠《ほ》え、飼い主に来客を知らせるのが主な役割。食べ物といえば、ご飯にみそ汁をかけたような残り物――。かつては「飼い犬」と呼んでいた通り、犬はただ〝飼育する〟だけの存在だったのです。

しかし、今では大型犬でさえ室内で飼われることが多くなりました。

飼い主やその家族と毎日ふれあいながら、しあわせに生活する犬たち。今や愛犬は〝番犬〟でも〝飼い犬〟でもなく、大切な家族の一員として、それぞれの家庭にあたたかく迎え入れられています。ペットと共生できる集合住宅、ペットと泊まれるホテル、ペットの病院や美容室などの増加といった社会変化は、まさにその証《あかし》と言えるでしょう。

私たちは犬にも人間のような多彩な感情があることを知って、愛犬を人生最良のパートナーとして大切にするようになったのです。

愛犬は、たがいに思いやり、ともによろこび、悲しみをわけあいながら、私たちに多くのしあわせを与えてくれる唯一無二《ゆいいつむに》のかけがえのない存在――。それぞれの飼い主と愛犬は、出会いや生き方、暮らし方も十人十色《じゅうにんといろ》。ひとり暮らしの老人と犬、認知症《にんちしょう》の家族を支える犬、わが子ときょうだいのように育つ犬……。それぞれ家族としての〝キズナ〟が築かれ、そのキズナが、ときに生きる気力や一歩を踏み出す勇気を与えてくれているのです。

本書は、取材でていねいに拾い集めた、そんな感動がいっぱいの〝飼い主と愛犬とのキズナ〟を、14の物語にまとめました。

第1章は、飼い主から愛犬へ――。第2章は、愛犬から飼い主へ――。飼い主と愛犬との間に通い合う心を、それぞれの目線で愛情深く綴《つづ》っています。

本書をお読みいただいた皆さまが、あたたかく、しあわせな気持ちになってい
ただけたら著者として幸《さいわ》いです。
読者の皆さまも大切な愛犬と、これまで以上のキズナを築かれますように……。

山口　花

装画　安斉　将
装丁　山田満明

犬から聞いた素敵な話

涙あふれる14の物語

目次

Chapter 2

愛犬から飼い主へ――。

本書は、取材で見聞きした内容をもとに再構成したフィクションです。
人物名や店名などは、実在の人物・団体などに一切関係ありません。

Chapter 1

飼い主から愛犬へ——。

01

リン

うちに来てくれて、本当にありがとう。

クラスで無視され、いじめられていたあたし。
パパやママにさえ、あたしは何も言えない。
そんなある日、あたしはリンを見つけた。
そしてリンが、あたしの心に勇気をくれた……。

あたしは、クラスの女子から口をきいてもらえない。もともと無口なほうだったけど、ある日突然、クラスの女子から無視されるようになった。

いくら考えても理由は見つからない。あたしはいつもひとりぼっちだった。

学校では誰《だれ》とも話さない。そのうち、話すことも苦手になってしまった。

あたしは毎日が苦痛だった。学校へ行くのがつらい。つらいけれど、どうしようもない。トンネルの出口は、いつまでも見えないままだった……。

あたしへのいじめは、クラスでどんどんエスカレートしていった。

「汚《きたな》いから、こっちに来んな」

みんなにそう言われるから、あたしは席から立つこともなくなった。

家ではママが心配した。あたしが口をきかなくなったからだ。ママに「どこか具合でも悪いの？」って聞かれるたびに、あたしは苛立《いらだ》った。

でも、その苛立ちはママに対してじゃない。自分の気持ちをうまく言葉にできないもどかしさ——自分自身への苛立ちだった。

「学校でいじめられてるの」

そのひとことが言えない。いじめられるのは、自分が〝弱い人間〟だからと思っていた。そんな自分を、ママがどう思うだろう？　そう考えるだけで、あたしは何も言えなかった。

仕事人間のパパは、あたしの変化にすら気がつかない。ただ「難しい年頃になったんだろう」と言ってやり過ごすだけだった。

あたしは両親と話すことさえ、うまくできなくなってしまった……。

10月。雨が冷たくなって、寒くなりはじめた頃、あたしは小犬を見つけた。

明日は学校がない——そう思うだけで、少しだけほっとする金曜日の帰り道だった。

商店街のすみっこに、その小犬はいた。あたしは差した傘《かさ》にぶつかる雨音を聞きながら、その小犬を遠くから見つめた。びしょ濡《ぬ》れの小犬。鳴くこともなく、汚《よご》れた箱の中でただ座っていた。遠目にも、小犬が弱っているのがわかった。

たくさんの人がその小犬の横を通りすぎていく。誰もが見て見ぬふりだった。

そこに小犬がいることはわかっていても、誰も気にも留めない。

(あたしみたい……)

ちゃんとそこにいるのに、まるで誰もいないように通りすぎていく。

しばらくすると、数人の男の子たちが小犬に近づいていった。

「きったね～！　病気が移るぞ!!」

ひとりの男の子が笑いながら言った。もうひとりの男の子が、箱を軽く蹴《け》った。

そのとき、あたしの中で何かがはじけた。

気がつくと、あたしは小犬を胸に抱《だ》いて、家に向かって走っていた。

家に帰ると、あたしはママに言った。

「……この小犬、どうしても助けてあげたいの……」

久しぶりに自分の気持ちを口にしたあたしに、ママは少しおどろいたようだった。

そして、ママは黙《だま》ったままうなずいてくれた。

寒さと飢《う》えから、小犬はかなり弱っていた。とくに目はたくさんの目ヤニでガチガチに固まって、かろうじて少し開いているだけだった。

あたしは、押入《おしい》れにしまってあったストーブを取り出して、部屋をあたためた。タオルを何枚も使って小犬をくるんだ。冷蔵庫の牛乳をあたためて、鼻先に近づけてみたけど、小犬は飲もうとしなかった。

思いつく限りのことはすべてやってみた。だけど、荒《あら》い呼吸とともに眠《ねむ》るだけの小犬。

どうしても助けなきゃと、あたしは使命感にも似た気持ちにあふれていた。

(明日は病院に連れていこう)

あたしは眠れず、その夜はひと晩じゅう小犬のそばにいた。

——翌朝、あたしは洗いたてのバスタオルに小犬をくるんで、動物病院に向かった。

(少しだけガマンしてね)

そう思っても、小犬にやさしい言葉をかけてあげられない。

自分でもあきれるくらい、あたしは話すことができなくなっていた。

動物病院でも、あたしはうまく話せなかった。だけど、緊張《きんちょう》でいっぱいのあたしを気遣《きづか》って、病院のスタッフさんたちはやさしく接してくれた。

受付の女の人が、小犬の名前を聞いてきた。

名前を考えていなかったあたしは、カルテの名前欄《らん》に「リン」と書いた。

「あら？　飼い主さんと同じお名前？」

「……いえ、あたしは……鈴《すず》って読みます」

あたしが答えると、お姉さんは「素敵《すてき》なお名前ね」と言ってほほえんでくれた。

リンというのは、あたしのあだ名だった。小学生の頃まで、みんなからそう呼ばれていた。もう呼ばれなくなったその名前を、あたしは久しぶりに耳にした。

楽しく笑っていた日々を、あたしは少しだけ思い出した……。

獣医《じゅうい》さんからの言葉を、あたしは黙って聞いていた。

「人間でいえば、風邪《かぜ》のようなものだよ」

獣医さんは、おだやかな表情でそう言った。その言葉を聞いて、あたしはようやく安心した。

病院へは2日おきに通った。

学校が終わると、小犬をバスタオルにくるんで病院に通う。

リンは熱も下がり、エサも少しずつ食べるようになった。目のまわりはまだ痛々《いたいた》しかったけれど、順調に回復している。

だけど、3回目の診察《しんさつ》で、リンの目が見えないことがわかった。

あたしはしばらくその意味がわからずに、ぼんやりと立ち尽《つ》くした。

（もう治らないの？　ずっと見えないの？）

獣医さんに聞きたいことがたくさんあったけど、あたしの口からは何も出てこない。

出てきたのは涙《なみだ》だけだった。自分の思いを言葉にできない苛立ちと、目の見えない犬を飼うことの不安で、あたしは泣いてしまった。

「何か困ったことがあったら、いつでも相談においで」

獣医さんは帰り際、あたしに手書きのメモを手わたしてくれた。

そのメモには『目の見えない犬を飼うための約束』が書かれてあった。

①家具などの移動はなるべくしないこと
②大きな音をたてないこと
③ヒゲは絶対に切らないこと
④目が見えないぶん、たくさん話しかけてあげること
⑤犬の顔に自分の顔を近づけないこと

あたしはメモをポケットに大切にしまって、呆然《ぼうぜん》としたまま家に帰った。

「鈴、ワンちゃんはどうだったの？」

あたしがリビングのドアを開けると、ママが心配そうに声をかけてきた。

「……この子、目が……見えないんだって……」

「ええっ⁉」

ママは、強い衝撃《しょうげき》を受けたようだった。

そんなママを見て、あたしは「またママを心配させちゃう」と後悔《こうかい》した。

「何かママにできること……ある？」

「ううん……ないよ。何にも……」

本当はリンのことも、自分のことも助けてほしかった。

素直に言葉にすれば、きっとママは全力であたしとリンを守ってくれる。

でも、ママに心配をかけるのは、いじめられるよりもつらいことだった……。

その日から、あたしとリンの努力の日々が続いた。

体調の回復とともに、行動範囲《はんい》の広がったリンは失敗の連続だった。

トイレの失敗、階段からの落下。家具にぶつかって、ケガをすることも多かった。

獣医さんの言った通り、リンは音には敏感《びんかん》だった。とくに大きな音は、身体が震《ふる》えるほど怖《こわ》がった。そして何よりリンは、自分の顔に何かが近づくことをいちばん嫌《いや》がった。

口元の汚れをふき取ろうとしてタオルを当てると、身体をのけぞらせて顔をそらす。

目の見えない犬を家の中で飼うことは、あたしひとりの努力ではどうにもならなかった。

夕食の席、あたしはリンのためにがんばって話した。

「あのね……パパとママにお願いがあるの……」

「なに？　何でも言ってちょうだい」

ママの目は、〝あなたが心配でしかたないの〟と言っているように見えた。

「……リンは目が見えないから、ヒゲが目の代わりをするの。だから、急に顔を近づけたりすると、リンはビックリして噛《か》みついたりするかも……。それから、家の中の家具を動かさないで……。同じところに同じものがあれば、リンはそれを覚えてケガをしなくてすむから……」

パパとママは、真剣《しんけん》にあたしの話を聞いてくれていた。

「あとね……できれば大きな音を出さないようにして……。リンは音を頼《たよ》りに生きてるから、突然《とつぜん》の大きな音を怖がるの……」

あたしは、何とか自分の気持ちを伝えることができた。

話し終わって顔をあげると、ママが泣いていた。

「鈴、ありがとうね。いちばん大変なのはリンだもんね。急にぜんぶはできないかもしれないけど、リンが安心できるように、みんなでがんばろう。ね、パパ」

「うん。……よし、リンが家の中を歩きまわっても大丈夫《だいじょうぶ》なように、まずは危ないところがないか、部屋を点検しよう」

リンという存在が、ずっと静かだった夕食に会話を作ってくれた。

あたしが学校に行っている間、リンと家で過ごしているママは、リンの行動を細《こま》かく観察して、それをあたしに伝えてくれた。パパもそれを聞いて、リンがスムーズに行動できるように、家具の定位置をいろいろと考えてくれた。

あたしはうれしかった。

リンが快適に暮らせる環境《かんきょう》は、自分ひとりでは作れなかったから。

やがて、あたしは自分から口を開くようになっていった。つまらないことでも、うまく伝えられなくても。

あたしは、誰かと話をするのが楽しくなっていた。


リンは家具の場所を覚えると、どこかにぶつかることもすっかりなくなった。家の中では、もう何不自由なく過ごせる。だけど、リビングの大きな窓を開け放しておいても、リンは決して外に出ようとしなかった。

窓際に座って、外の世界の音に耳をかたむけるリン。その姿は、ときどき外の世界に出たがっているようにも見えた。

ママはリンをやさしくなでながら、静かに言った。

「リン……。リンは目が見えないだけで、あとはみんなと同じなのよ。怖がらないで、今度、いっしょに散歩に出てみようね……」

あたしはこのときに、ママの深い愛情にふれたような気がした。

目の見えないリンや口数の少ないあたしを、心配しながらずっと見守ってくれている。

あたしはいつの間にか、ママに話しかけていた。

「あたし……学校で誰とも口をきい

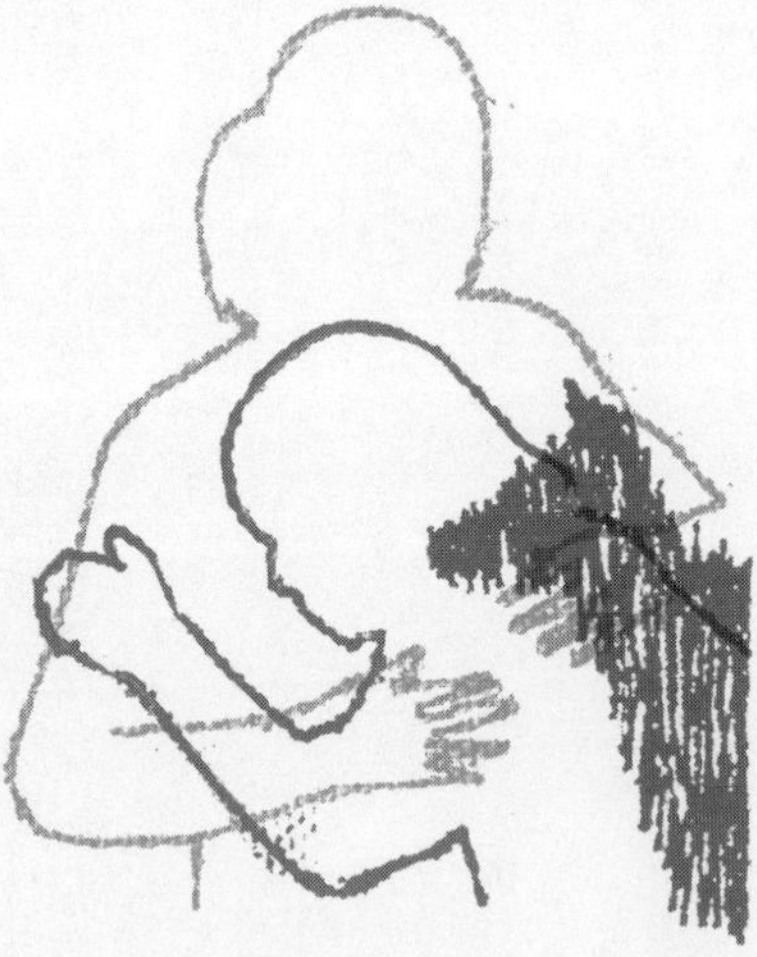

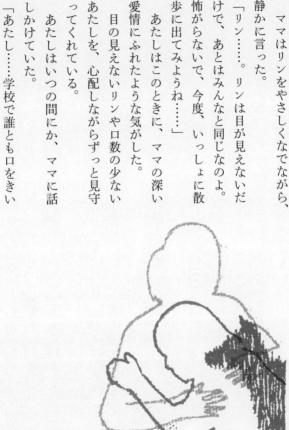

てないの。みんな、あたしのこと汚いから近づくなって。いつもひとりなの。話しても誰も聞いてくれなくて……」

話すうちに、あたしは大きな声をあげて泣いていた。

ママは黙ってあたしの話を聞いていた。

そして泣きながら話すあたしを、やさしく抱きしめて、ゆっくりと話しはじめた。

「つらかったね……。話してくれてありがとう。ママもパパも、いつでも鈴の味方だよ。今まで鈴が何にも言わないから心配だった。教えてくれてありがとうね。ママもパパも、鈴がいてくれるだけでしあわせなの。鈴、話してくれてありがとうね……」

話すことであたしは救われた。そして、「話してくれてありがとう」って言ってくれたママに救われた。

そのとき、あたしの耳にリンのあたたかく湿《しめ》った鼻先が当たった。

あたしは、びっくりした。

あんなに顔を近づけることを怖がっていたリンが、自分から顔を寄せてきた。

あたしはママとリンにやさしく抱きしめられながら、いつまでも泣いた。

リンがいなかったら、あたしはいつまでも、誰とも話せずにいたかもしれない。

「リン。うちに来てくれて、本当にありがとう……」

あたしはリンの背中をなでながら、何度も何度もつぶやいた。

02

ライダー

ずっと僕たちのなかで生きている。

小学校のとき、僕たち４人の仲間に加わった
もうひとりの友だち――ライダー。
僕たちが大きくなって離れてしまっても、
キミは、ずっと僕らのヒーローなんだ。

僕たちは田舎《いなか》で育った。たくさんの生き物がいる近所の川が僕たちの遊び場。魚やヤゴを捕《つか》まえたり、川に石を投げて水切り遊びをしたり。

あの日も、僕たち4人は川遊びに夢中だった。

「おい見ろよ、あの段ボール。犬かな？耳が見えたような気がする……」

正隆《まさたか》が、川に流れている箱を見つけてそう言った。

正隆の声にうながされて、怖《こわ》いもの知らずの海大《かいた》が川に入って段ボールを取りに行った。

「いる、いるよ！　ちっちゃいのが!!」

——僕たち4人が育った町には、自然しかなかった。山と川、そして田んぼに畑。

学校は全校生徒合わせて100人にも満たなかった。みんな兄弟姉妹のように育った。となり近所は親戚《しんせき》みたいなもので、知られたくない失敗談も、あっという間に町のみんなに伝わる。そのくらい、小さな町だった。

僕たち4人は小さい頃から何をするにもいっしょだった。

正隆は、正義感が強くて慎重派《しんちょうは》。真面目《まじめ》で、ダメなものはダメときっぱり言う。

瑞貴《みずき》は、おとなしくて、恥《は》ずかしがり屋で心配性。だけど器用で、何でもできる。

海大は、無口で怖いもの知らず。どんどん先頭を行くタイプだった。

僕は豪《ごう》。どんなタイプだったんだろう？　自分ではよくわからない。

岸辺に上がってきた海大が、段ボールから小犬を抱《だ》き上げた。

どこから流されてきたのか、どのくらい流れていたのかもわからない。

小犬はびしょ濡《ぬ》れで、ブルブルと震《ふる》えていた。

「どうすんだよ？」

「どうすんだ？　って、どうゆう意味だよ」

「だって、犬だぞ」

瑞貴と海大が話している間、僕はずっとふたりを見ていた。

心配性の瑞貴と「だからどうした」という海大の会話。僕はふたりの会話が好きだった。

「とにかく、この犬を助けようぜ。豪、オマエんちでまずは作戦会議だ」

正隆の提案にみんなが従う——これが、僕たち4人だった。

僕の家に集まった4人と1匹の小犬。

僕は、ひとまず大きめのタオルで小犬をふいた。その小犬は震えてはいたけど、ひどく弱っているわけでもなかった。

「よく見ると、かわいい顔してるな」

海大がめずらしく興味を持ったように言った。海大は、いつも冷《さ》めてるというか、何かに興味を持つことがあまりないヤツだった。

「どうすんだよ。拾ったってことは、交番に届ける？」

「交番が犬を預かるかよっ」

「だったら、なおさらどうすんだよ」

「拾ったからには誰《だれ》かが面倒《めんどう》みなくちゃ、ってことだろうな」

「とりあえず今日のところは豪にまかせた、ってことで。それぞれ家に帰ったら、犬が飼えるかどうか親に聞いてみよう」

正隆の言葉で、みんなはひとまず解散して、自分の家に走って帰っていった。

残された僕は、小さな声で鳴いている小犬に牛乳をあげてみた。

口のまわりを牛乳で真っ白にしながらぜんぶ飲みほした小犬は、僕のひざの上ですやすやと眠《ねむ》りはじめた。

まだ毛が生えていないお腹《なか》は、牛乳でパンパンにふくらんでいた。

ちょうど畑仕事から帰ってきた母親がおどろいた顔をして、ひざの上の小犬を見た。

「どうしたの？　そのワンコ」

「正隆たちと川で遊んでたら、流れてきたんだよ。誰の家で飼うか、今みんな聞きに行ってる」

「そしたら、うちで面倒みたらいいよ」

あっけなく母親のオーケーが出た。

結局、3人とも親の許可をもらえずに戻《もど》ってきた。うなだれたみんなを見て、母親が言った。

「うちで飼うから、大丈夫《だいじょうぶ》さね。でも、みんなで面倒みるんだよ！　豪だけだと、そのうちほったらかしになるからさ」

あのときのみんなのほっとした顔は、今でも忘れられない。

名前はみんなで考えた。僕たちのヒーローから名前をもらった。

「名前は〝ライダー〟に決定だ！　俺《おれ》たちの仲間になった！　俺たちはこれからも友だちだ！　死ぬまでずっとな！」

正隆が大きな声で宣言した。瑞貴が深くうなずいた。僕はちょっと遅《おく》れてうなずいた。

海大は、少しだけニコリとしてうつむいただけだった。

その間、僕のひざの上で寝ていたライダーはむっくりと起きて、それぞれの顔を見ながら首をかしげたり、くんくんとみんなの匂《にお》いを嗅《か》いだりしていた。

これがライダーとの出会い。僕たちが小学4年生の初夏だった——。

ライダーを飼うことになって、親父《おやじ》が納屋《なや》の2階をあけてくれた。広さにすると6畳《じょう》くらい。すみっこにワラを敷《し》いてライダーの寝床《ねどこ》を作ってくれた。

「これなら、小屋を作る手間もいらねえだろ。雨風も心配ねえ」

親父は、手間をかけずに犬の居場所を作ったつもりだった。

最初はライダーのため、と言いながらみんながいろんなモノを持ち込んだ。

そのうち、廃材《はいざい》を使って瑞貴がテーブルを作りはじめた。でこぼこのテーブルだったけど、これをきっかけに、この場所が僕たちの秘密基地になった。

海大は家から木のイスを持ってきた。

正隆が持ってきた小さな本棚《ほんだな》には、みんなが持ち込んだ漫画《まんが》がズラリと並んだ。

学校が終わると、いつも僕たちは秘密基地に集まった。宿題をそこでやったり、漫画を読んだり、ライダーと遊んだり。

やることがなくなれば、外へ出て日が暮れるまで遊んだ。

ライダーはつながなくても、どこかへ行ってしまうこともなかった。

僕たちとライダーは、いつでもいっしょだった。

ライダーは僕たちといられることに、とても満足そうだった。

小学校の卒業式が間近に迫《せま》った頃、正隆が言い出した。

「この前テレビで見たんだけどさ、俺たちもタイムカプセルってのやってみないか？」

「なに、それ？」

「缶《かん》とかビンに、手紙とか思い出の物を入れて埋《う》めるんだ。そして何十年後かにみんなでそれを掘《ほ》り返すんだよ」

翌日、みんなはカプセルに入れるものを持って集まった。思い出を入れるカプセルは、正隆が家から持ってきた「せんべい」と書かれた缶だった。

誰が何を入れたのかは秘密にした。それぞれの思い出の品だ。

僕たちにとって、ライダーとライダーのいる秘密基地は大切な宝物だった。だから大切な宝物を入れたカプセルは、秘密基地の裏に埋めることにした。

カプセルを埋めながら瑞貴が聞いた。

「ねぇ。これ、いつ掘り起こすの？」

「いつだっていいんだよ。成人の日でもいいし、もっと経《た》って、俺たちがおじいちゃんになってからだっていいし」

「いつ、って決まってなきゃ、いつまで待てばいいかわからないじゃんか」

海大と瑞貴のお決まりの会話がはじまった。正隆だけがもくもくと穴を掘っていた。

見慣れた僕たちの風景だった。


中学生になっても、相変わらず僕たちは同じような毎日を過ごしていた。

中学校は小学校のとなり。通学路も同じだった。だけど、そんな僕たちの毎日に変化がおとずれたのは、中学3年生の夏だった。受験が僕たちの毎日を変えた。

秘密基地に集まる時間はほとんどなくなっていた。たまに集まってもすぐにみんなは帰ってしまう。ライダーはそれでも毎日みんなを待っていた。

階段の下で僕が見上げると、ライダーはシッポを大きく振《ふ》って出迎《でむか》えてくれた。

僕はそんなライダーの健気《けなげ》さに胸が痛くなるほどだった。

僕たち4人は結局、みんな別々の高校に進学した。

もう、秘密基地の存在はなくなったも同然だった。誰も来ることのない場所。ライダーですら、そこにいることもなくなった。母屋《おもや》の玄関《げんかん》で横になってばかりのライダー。忘れ去られたように、ひとりポツンと横になっていた。

僕も、ライダーといる時間はなくなっていた。帰る時間も遅《おそ》くなったし、休みの日もバスに乗って、となりの町で友だちとの時間を楽しんでいた。


高校3年の夏。ライダーの姿が見えなくなった。

いつも玄関で横になっているはずのライダーがいない。

母親がずっと心配していたけど、僕はすぐに帰ってくると思っていた。だけど夜になっても帰ってこないライダー。さすがに心配になった僕は、ライダーを探しに出かけた。

ひとりでどこに行ったのだろう？　正隆の家、瑞貴の家、海大の家に行った。

久しぶりに集まった3人は「いっしょに探すよ」と言ってくれ、みんなで手分けしてライダーを探した。裏山の竹林や、川にも行ったけど、ライダーはどこにもいない。

「ライダー！」

大声で呼んでみても、ライダーの返事はなかった。僕たちは「まさかな……」と思いながら、秘密基地だった納屋の2階へ上った。

ここにはいるはずはない――もう、とっくの昔に思い出の場所になってしまったのだから。

「ライダー……」

正隆が小さく呼んでみた。すると納屋のすみのワラの山が、かすかに音をたてた。

懐中電灯《かいちゅうでんとう》の灯《あか》りを向けると、そこにライダーが横たわっていた。

「ライダー……か？」

ライダーは臨終《りんじゅう》を迎えるところだった。顔はおだやかだったけど、もう長くない、というのがひと目でわかった。

誰よりも早く海大がライダーを抱きかかえた。瑞貴はもう泣き顔だった。

「ライダー、どうした……」

正隆が泣き声を押《お》し殺しながら声をかけた。

ライダーは「クーン」と小さく鳴いて、シッポを4回、弱々しく振った。

さよならのあいさつだった。ライダーが最期《さいご》の場所にこの納屋を選び、4人をもう一度ここに集めたことが、僕たちの心をしめつけた。

僕たちは、秘密基地の裏にライダーを埋葬《まいそう》した。長い時間、僕たちはその場所にいた。

4人はひとことも話さず、ただライダーの近くに座ったきりだった。

「なぁ。タイムカプセル、出してみないか?」

海大のひとことで、みんなでタイムカプセルを掘り出した。

それぞれが自分の入れたものを取り出して、思い出の品を見せ合った。

おどろいたことに、それは、みんなライダーとの写真だった。ライダーを囲んで笑顔満面の僕たちがいる。ランニングシャツに短パン。泥《どろ》だらけで汚《きたな》いかっこうだけど、みんなの瞳《ひとみ》は輝《かがや》いていた。写真を見ながら、僕たちは泣きながら笑い合った。

ライダーは、僕らをつなぐ大切な仲間だった。言葉なんか通じなくても、僕たちをいちばんに理解してくれた友だちだった。僕たちは、あの頃と少しも変わっていなかった。

変わったと思っていただけだった。大人になったんだ――そう思っていただけだった。

天国に行ってしまった今でも、ライダーはずっと僕たちの中で生きている。

ライダー、ありがとうな……。

03

ハナ

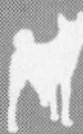

あるがままを受け入れること。

交通事故で右後ろ足を失《な》くしてしまったハナ。
でも、そんなハンデを背負っても、
ハナはたくましく、そして、やさしかった。
僕たちはハナに、いろんなことを教えてもらった。

新緑のまぶしい5月。僕は妻とのデートを楽しんでいた。

仕事が忙しく、ここのところ夫婦で過ごす時間もほとんどなかった。

久しぶりのドライブに、妻はうれしそうにはしゃいでいる。

結婚してもう6年。あと2か月もすると子どもが生まれる。待望の子どもだった。

(これからしばらくは、ふたりだけのドライブもお預けかな)

そんな気持ちがあったからか、ふたりはいつになくたくさんの会話を楽しんだ。

急に産気づくと悪いからと、遠出は避《さ》けた。普段《ふだん》、仕事では高速道路を使うけれど、今日はたっぷり時間がある。僕たちは景色を楽しみながら一般道《いっぱんどう》をドライブした。

途中《とちゅう》、大きなショッピングモールで子どものためのタオルケットやおもちゃを買った。

「こっちがいいかな……。でもこれも捨てがたいよね～」

ベビー服コーナーでは、なかなか決められない妻の買い物に僕は根気よくつきあった。

「暗くなる前に家に帰ろうよ」

長くなりそうな買い物に、僕はそう言ってみた。

妻は、少しだけガッカリした顔をした。

——自宅まであと30分というところだった。

僕たちはトラックと普通車の正面衝突《しょうとつ》の事故に遭遇《そうぐう》してしまった。普通車は衝突の勢いで、スピンしながら道路の壁面《へきめん》にぶつかって止まった。

妻に救急と警察に連絡《れんらく》するように言い、僕は車の中に取り残されている男性の救助に向かった。男性はとくに出血もなく、重篤《じゅうとく》な状態には見えなかった。

「後ろに犬がいるんです……。ど、どうか助けてください……」

彼はしきりに後部座席を気にしていた。

激しい衝突でペチャンコになっていた後部座席に、もはや命があるとは思えなかった。それでも僕は、男性に「大丈夫《だいじょうぶ》ですよ」と声をかけ続けた。

警察と救急隊、そしてレスキュー隊が到着《とうちゃく》して、救出作業がはじまった。

僕は事故のようすや直後の男性の容態など、警察から聞かれたことに答えていた。

すると、青白い顔をしてずっと黙《だま》ったままの妻が警察官にたずねた。

「男性が後部座席にいる犬を助けてくれって、言ってたんです……。なんとか手を貸していただけないでしょうか」

人命救助が優先の現場では、男性の救助が終わるのを待つしかない。

横にいたレスキュー隊員が「できるだけのことはします」とだけ答えた。

僕は少しおどろいていた。妻はおとなしく、どちらかというと自分から行動を起こすタイプではない。その妻が必死に助けを求めている。そんな妻の姿を、僕は初めて見た。

男性は無事に救出され、救急車で病院に搬送《はんそう》されていった。

それからようやく、レスキュー隊が後部座席の確認をはじめた。チェーンソーやカッターなどの機材を駆使《くし》して車内のスペースを空けると、そこに1匹の犬がいた。

気を失っているのか、すでに亡くなっているのか、犬はピクリとも動かなかった。犬の右後ろ足がドアとシートに挟《はさ》まれているらしい。

救い出そうと手を伸《の》ばすレスキュー隊員。隊員の手が犬の頭にふれた瞬間《しゅんかん》、犬が少しだけ顔をあげた。犬はまだ生きていた。

「すぐに助けるんだ！」

レスキュー隊の責任者が大きな声で叫《さけ》んだ。

その言葉を聞くなり、隊員たちはただちに救出作業に取りかかった。

原形をとどめぬ後部座席から、犬を救出するのは時間がかかった。それでも懸《けん》命《めい》に作業を進めるレスキュー隊員たち。僕は、感謝と尊敬の気持ちでその風景を見守っていた。

妻は動物病院に勤める友人に電話をかけると、「事故に遭《あ》った犬をこれから連れていくから」と連絡していた。

レスキュー隊員の努力のおかげで、犬はつぶれた車内から無事に救出された。

しかし、素人《しろうと》の僕が見ても犬の状態はひどかった。

妻は先ほど買ったばかりの子ども用のタオルケットを車から取り出し、犬を預かった。胸に抱《だ》いて、泣きながら「大丈夫、大丈夫だよ」と犬の耳元でささやいていた。

僕は警察に自分の連絡先をわたし、妻とその犬を乗せて動物病院に向かった。

――翌朝、電話が鳴った。

男性が亡くなったという警察からの連絡だった。

しばらく受話器を見つめ、僕は「うそだろ」とつぶやいた。ケガらしいケガもしていなかったのに……。

ひとり暮らしだった男性には、犬を引き取ってくれる親族がいなかった。

僕たち夫婦は、犬を引き取ることを決めた。

生死の境をさまよった犬は、今は安定している状態だった。

事故の衝撃《しょうげき》で挟まってしまった右後ろ足は、もうどうにもならない状態だった。

獣医《じゅうい》さんが、残念そうに犬の足を見つめている。

「このままにしておいても、やがて腐《くさ》っていくだけですが、どうしますか？」

「どうしますかって、切断以外に何か方法があるんですか？」

僕は、少しの希望でもあれば……そう思って聞いてみた。

「片足になった犬の世話は考えるより大変です。助けても最期《さいご》まで世話ができなくなるのは、犬にとっても不幸なことです。言いにくいですが、安楽死という方法も……」

僕は心底おどろいた。これだけのケガを負っても鼓動《こどう》を止めないこの命を、足が使えなくなったという理由だけで殺してしまう。

僕が怒《いか》りの言葉を探している間に、妻が言った。

「そんなバカなことは思いもつきませんでした。切断はしかたないですが、安楽死なんて、とんでもないです！」

獣医さんと話し合い、犬の体力が戻《もど》りしだい足を切断するということで納得し、僕たちは病院をあとにした。

妻は、それから毎日病院に通った。

僕が会社から帰ると自然と犬の話になり、妻は経過報告をしてくれる。

「ハナは今日、少しエサを食べたって！」

うれしそうに報告する妻。僕は聞いた。

「いつの間に〝ハナ〟って名前になったんだ？」

「あの子、小学校のときの友だちに似てるの。その子、花っていう名前だったから」

妻は、ニコニコしながらそう言った。

切断した傷口もきれいになったところで、僕たちはハナを家へ連れて帰った。

だけど、ハナは初めての場所で、知らない人間との暮らしにおびえていた。

ハナとの距離《きょり》は思うようには縮まらなかった。エサを与えても、匂《にお》いを嗅《か》いで食べないこともある。ハナは1日じゅう寝床《ねどこ》で丸くなったままだった。

こんなもので何とかなるとは思わなかったが、僕はペットショップで犬用のおもちゃを買ってみた。だけど案《あん》の定《じょう》、ハナは興味を示そうともしなかった。

僕たちふたりは眠《ねむ》りについているハナを、そっとなでてあげることしかできなかった。


散歩は毎日続けた。会社から帰るとハナを抱いて町内を1周。ハナを少しでも外の空気にふれさせてあげたかった。

週末の散歩は夜の公園。人の多い昼間の公園ではハナがおびえるだろう。それに、片足のない犬を見る好奇《こうき》の視線が、僕には耐《た》えられなかった。

ハナを芝生《しばふ》の上にそっとおろしてみた。ハナは立ち上がることはなかった。キョロキョロとあたりのようすをうかがい、耳を折って小さく震《ふる》えるだけだった。

いつも丸くなって寝ているだけの日々。ときどき失《な》くしたはずの足で耳をかこうとする。感覚がいまだに残っているのだろうか？　そんなハナの姿を見ていると、胸が痛くなる。

片足を失くした以外はすでに回復しているはずだったが、ハナからは生きる気力が消えていた。

最愛の飼い主を亡くし、自分の足まで失くしたハナにとって、それはしかたないことだったのかもしれない……。

ハナがわが家《や》に来てから3週間。予定日より2日遅《おく》れて、待望の子どもが生まれた。

元気な女の子だった。僕は壁《かべ》に『命名　桃子《ももこ》』と書いた紙を貼《は》った。

妻はもう1枚の用紙に『命名　ハナ』と書いて横に貼った。

「一度にふたりの女の子の親になれて、私たちしあわせね」

妻のその言葉に、僕は母親の強さを感じた。

妻はハナの近くに子ども用の布団《ふとん》を置き、昼間はそこに桃子を寝かせた。

ハナは赤ん坊の大きな泣き声におどろいていたが、それを嫌《いや》がるわけでもなく、じゃまそうにするわけでもなく、ただ無関心なようすだった。

大きな声で泣いているか、ぼんやり遠くを見ている桃子を、いつからかハナは静かに観察しはじめた。妻がミルクを与えるとハナは鼻をあげ、クンクンと匂いを確認していた。オムツを取り替《か》えるときも同様だった。

桃子がクーイング※をはじめると、ハナはそわそわしはじめる。

妻はハナを抱き上げ、桃子の近くに移動させた。

ハナは安心したように静かに桃子の観察を続けた。

そのうち、ハナは自分の力でゆっくりと動き出した。3本の足を上手《じょうず》に使って、ヒョコヒョコと。桃子がよく見える位置に来ると横になって、またじっと桃子を観察した。

桃子の動きが大きくなるにつれて、ハナは目を輝《かがや》かして観察するようになった。桃子が手足をバタバタさせるたびに、ハナもつられて上下左右に首を振《ふ》る。

※クーイング……生後2～3か月頃の赤ちゃんが「アー」「クー」などの声を出すこと。発声と言葉の発達のはじまり。

桃子は、ハナに見守られながら成長した。

ハナも、桃子の成長とともに活動が活発になり、すでに3本の足で器用に歩けるようになっていた。食欲も戻り、桃子がミルクを飲み終わると、自分もごはんを食べた。

ハナは桃子のとなりから離れることはなかった。桃子が泣きはじめると、ハナはキッチンまで妻を呼びに行く。

妻はハナに「いつもありがとうね」と言って頭をなでる。ハナは目を細めてシッポを左右に振る。

桃子はハナが見たくて寝返りとハイハイをがんばった。ハナが右にいれば右へ。左にいれば左へ。

もぞもぞばかりでなかなか前進しないハイハイに、ハナは自分から桃子に近づいた。

ハイハイがうまくなると、やがてつかまり立ちがはじまり、そして階段上りがはじまった。ハナは桃子の後ろについて、階段を上っていく桃子を心配そうに見つめていた。

ハナは桃子をまるで自分の子どものように扱《あつか》った。

やさしく見つめ、やさしくなだめ、やさしく見守った。

桃子が2歳を迎《むか》える頃には、ハナの行動も健常犬とほぼ変わりはなくなった。不安定ではあるけれど、3本の足で器用に走ることもできるようになった。

桃子のおしゃべりにも根気よくつきあうハナ。桃子の言葉に「クーン」と応《こた》える。わかっていてうなずいてるのかと思うこともしばしばだった。

公園では桃子といっしょに追いかけっこをす

る。すべり台から降りてくる桃子を、シッポを大きく振って見守り、転んで泣く桃子を黙って見守る——ハナは、ハナ流の子育てをしていた。

公園でハナは人気者だった。他人から好奇の目で見られることを心配していた僕だったが、それは取り越《こ》し苦労だった。みんなは、桃子とハナが公園に来るのを楽しみに待っていた。ハナが行くところに子どもたちが集まる。

桃子の友だちの間では、ハナはすっかりアイドルだった。

お盆《ぼん》を迎える頃、何年かぶりに僕の妹が遊びに来た。小さい頃から動物が苦手だった妹は、ハナを見るなり「足がないなんて気持ち悪い。なんだか不気味」と言った。

妻の顔が小さくゆがんだ。

僕がこの場をどう納《おさ》めていいのかオロオロしていると、桃子が妹に言った。

「どうして気持ち悪いの？　足がないから？　あたしのお友だちは、ハナのこと、そんなふうに言わないよ。もしさ、足がないのが気持ち悪いなら、おばちゃんも

気持ち悪いよ。だっておばちゃん、眉毛《まゆげ》がないもん」

桃子はニコニコしながらハナを連れ、部屋から出ていった。妻は妹に「すみません」と謝りながら桃子を追いかけていった。妹は、口を半開きにしながら呆然《ぼうぜん》としていた。

「子どもは素直だよ。ありのままを受け入れるんだよ。他と違っていることが悪いことって思ったり、決めつけたりするのは大人だけだ。実はさ、子どものほうが正しい生き方をしているときがあるんだよ」

僕は、ハナに感謝した。

ハナがいなければ、桃子も僕も大切なことに気づかなかったかもしれない。

「あるがままを受け入れること」

当たり前だけど、いちばん大切なことなんだ。

04

サンデー

私は今、ひとりじゃない。

突然《とつぜん》、けいれん発作を起こして倒《たお》れる持病がある私。
だから、人に迷惑《めいわく》をかけないように、
家族や友だちにも気を遣《つか》って生きてきた。
でも、サンデーと出会ってから私は……。

私には、ある持病がある。突然《とつぜん》けいれん発作を起こして倒《たお》れてしまう病気だ。

直接命に関わるわけではない。ただ発作を起こして倒れ、意識を失うだけの病気。

だけど治らない。一生つきあっていかなければならない病気だ。

発作を抑《おさ》える薬は飲んでいた。けれど、それでも年に1度ほどは倒れてしまう。

発作は、なんの前兆《まえぶれ》もなく突然やってくる。友だちと遊んでいるとき、学校での授業中、もちろん、ひとりのときも……。

目覚めると、そこはいつも救急車の中だった。

だんだんとはっきりしていく意識の中で、私はいつもこう思う。

「またやってしまった……。これで、また私は〝ハレモノ〟扱《あつか》いだ……」

意識が戻《もど》ったあとにおそってくる、なんともやりきれない絶望感と孤独《こどく》感。私にとって、何よりもそれがいちばんつらかった。発作がはじまった瞬間《しゅんかん》から、自分の記憶《きおく》はまるでない。自分が自分ではなくなる時間。

たとえ、それが5分や10分でも、私にはとてもつらかった。

翌日まで続く全身の筋肉痛は、けいれんの強さを嫌《いや》でも思い起こさせる。

発作に居合わせた友人は、もちろん心配してくれる。

中学生にもなれば、小学生の頃とは違う接し方になった。「大丈夫《だいじょうぶ》？」という言葉とは裏腹に、結局は〝ハレモノに触《さわ》る〟ような友情しか保てなかった。

私自身も、それはしかたないことだと思っていた。

突然、何が起きたのかわからないほどの発作を見れば誰《だれ》でもおどろくだろうし、どうしたらいいのかさえわからないはずだ。

旅行の誘《さそ》いは自分から断った。楽しい旅先で、もしも自分が倒れてしまったら――そう思うだけで、とても旅行に出かける気にはなれなかった。

どうして私だけこんな病気を持っているのだろう？

そんなことを考えて、眠《ねむ》れない夜を何度も過ごした。

「こんな持病がある自分には、理解し合える友だちなんて、できっこない」

私はそう思っていた。だから、新しく友だちができても、私は一定の距離《きょり》を保っていた。

発作が起きれば、また〝ハレモノ〟になってしまう。

家族はもちろん、私を〝ハレモノ〟のように扱った。何をするにも「大丈夫なの？」という言葉。両親の過度な心配も、私にとっては重荷《おもに》でしかなかった。

「自分は普通《ふつう》の人間だ」

そう思えば思うほど、ときに反抗《はんこう》的な態度をとってしまう。

そんな自分自身にも、胸が痛くなるのだった。


——私は就職をきっかけに、家を出てひとり暮らしをはじめた。

親戚《しんせき》のおばさんが管理している、古い一軒家《いっけんや》を借りた。

自宅からさほど距離の離れていない家だったけれど、私はそのとき、ようやく一人前になれたような気がした。誰も自分を〝ハレモノ〟扱いしない。

私は、人生で初めて味わう開放感を楽しんだ。

会社での新生活は緊張《きんちょう》の連続だった。私は普段より慎重《しんちょう》に薬を飲み、病院にも欠かさず通った。私にとって、緊張とストレスは発作を引き起こす原因のひとつだからだ。

（どうか、会社で発作が起きませんように……）

私は、ただそれだけを祈《いの》り、人混みを避《さ》け、規則正しい生活を続けた。

入社して半年。発作も起きず、ひとり暮らしも快適だった。

同期の仲間たちと、楽しく時間を過ごすこともできていた。それでもやはり私はある一定の距離を保っていた。いつ〝ハレモノ〟になるかわからないから……。

「テリアの小犬が生まれたの。かわいいから見に来ない？」

同期のひとり、千夏《ちなつ》さんが私を誘ってくれた。

本当のことを言うと、犬は苦手だった。動物を飼ったことはなかったし、犬をどう扱えばいいのかもわからなかった。

その日、私はあいまいな返事をしていたけれど、断る理由を探せないまま、ついに千夏さんの家に遊びに行くことになった。

千夏さんの家にいた2匹の小犬は、生まれて4か月経《た》っているという。〝小犬〟

というよりは、もうすでに立派なテリアだった。

「このくらい大きくなったら、うちで飼うしかないかな……」

貰《もら》い手を探していると言いながら、千夏さんはあきらめたように、そうもらしていた。

遊びざかりの小犬たちは、部屋のあちこちを走りまわって遊んでいる。

「すごい。一生懸命《いっしょうけんめい》遊ぶんだね」

私のその言葉を聞いて、千夏さんは大笑いした。

「そりゃそうよ。だって、それが仕事みたいなもんだもん」

しばらくすると、1匹の小犬が私のところに走り寄ってきた。

私の身体にまとわりつき、匂《にお》いをくんくん嗅《か》いで、ついには顔をなめはじめた。

私はおどろいて少しのけぞりながら、このあいさつに耐《た》えた。

千夏さんは笑いながら「ごめんね」と言っていたけど、それがとてもほほえましく見えたようで、止めようとはしなかった。

ひとしきりこのあいさつが終わると、その小犬は私のとなりで眠りはじめた。私は犬の体温をずっと感じながら、身をゆだねてもらったことに少しよろこびを感じていた。

「ごめんね。眠るとヨダレがついちゃうかも」

千夏さんは、そう言って小犬を連れていこうとした。

「あ、いいの。なんだか、とってもあったかくて気持ちがいいから」

私は、あわててそう言った。

あったかくて、やわらかくて、気持ちがいい――私はそう思った。

1時間ほど経ったころ、千夏さんが「そろそろごはんの時間だから」と立ち上がった。

親犬も、もう1匹の小犬も、その気配ですぐに起き上がって、キッチンのほうへ行ってしまった。ところが、私の横で眠っていた小犬は、私のとなりから離れない。

私は小犬をそっと抱《だ》き上げてみた。

嫌がるようすもなく、じっと私の目を見ながら、小さくシッポを振《ふ》っていた。

「いつもは、どの子よりも早くごはんをねだるのに、不思議なこともあるもんね」

千夏さんは首をかしげながら、シッポを振る小犬を見つめていた。

小犬は、私がトイレに立つときも、キッチンでお茶の片付けをするときも、私からずっと離れずにシッポを振りながらついてくる。

「普通はさ、人間が犬を選ぶわけ。どの子がいいかなーって。でもさ、これは違うよね。犬が人間を選んでるって感じ？ この子、美貴《みき》ちゃんのことが好きみたいね」

千夏さんにそう言われて悪い気がしなかった自分に、私は正直おどろいた。

そろそろ帰ろうか、というとき、小犬が落ち着きをなくして、私の足を引っかくようにじゃれてきた。まだ甲高《かんだか》いかわいらしい声で吠《ほ》え続けている。

「どうしたの？」

立っていた私は、しゃがんで小犬を抱き上げた。

ここで、私の記憶は途絶《とだ》えた――。いつもの発作が起きてしまったのだ。

目が覚めて、見覚えのない天井が見えたとき、私は「あぁ、やってしまった」という苦い思いにあふれた。私は絶望感でいっぱいになった。

気づくと、あの小犬が私の顔をなめてくれていた。

「おどろいたよ。どうしていいかわからなくて……。あわてたけど、この小犬がずっとそばから離れないの……」

私は、自分の発作について千夏さんに話した。

「……発作が起きる前は、何か身体に変化でもあるの？」

千夏さんが聞いた。

「ううん。自分でも全然わからないの。いつも突然なんだ……」

「でも、あの小犬、美貴ちゃんが倒れるのを知ってたみたいに、座るようせがんでるみたいに見えたよ。だから、何か前兆《まえぶれ》でもあるのかな……って思ってさ」

私はもう一度、小犬を抱き上げてみた。

（発作で倒れる前に、この子が私に「座れ」と言った？）

私にもそう思えた。シッポを振りながら私をじっと見つめてくれるこの小犬が、なぜか私にとても必要な存在に思えてきた。

家に帰って、ひとりで食事をすませても、頭からあの小犬のことが離れなかった。

抱き上げた小犬の黒い瞳《ひとみ》に映っていたのは、扱い方も知らない、犬が苦手なはずの自分の笑顔――まるで発作が起きることがわかったかのように私にまとわりついてきたことが、とても不思議だった……。

翌日、会社の食堂で小犬たちの話になった。私は聞いてみた。

「犬って……どうやって飼うの？」

千夏さんは笑顔で答えた。

「いっしょに遊んで、散歩して、ごはんをあげて、いっしょに眠る。それだけよ。美貴ちゃん、どう？　いっしょに暮らしてみる？　困ったら、いつでも引き取るから」

なんとなく迷っていた気持ちが、千夏さんのこの言葉で消え去り、私はあの小犬を譲《ゆず》り受けることにした。

そして週末、約束通り、千夏さんが小犬を連れてきてくれた。

私は、少し緊張しながら、小犬を抱きしめた。顔をのぞくと、その黒い瞳には自分の笑顔が映っていた。日曜日に私のもとにやってきたこの子を、私は「サンデー」と名付けた。

その日から、私の生活は少しずつ変わっていった。

いつ起きるかわからない発作のため、ひとりで出歩くことを避けていた私。でも、サンデーの散歩のため、外に出る時間が増えた。

サンデーといっしょに散歩をしていると、同じように犬を連れた人からあいさつをされたり、笑顔で話しかけられることも増えた。

サンデーのおかげで私の行動範囲《はんい》も、そして交友関係も広がっていった。

今までは無理と思っていたことも、サンデーがそばにいてくれることで、少しずつできるようになっていった。

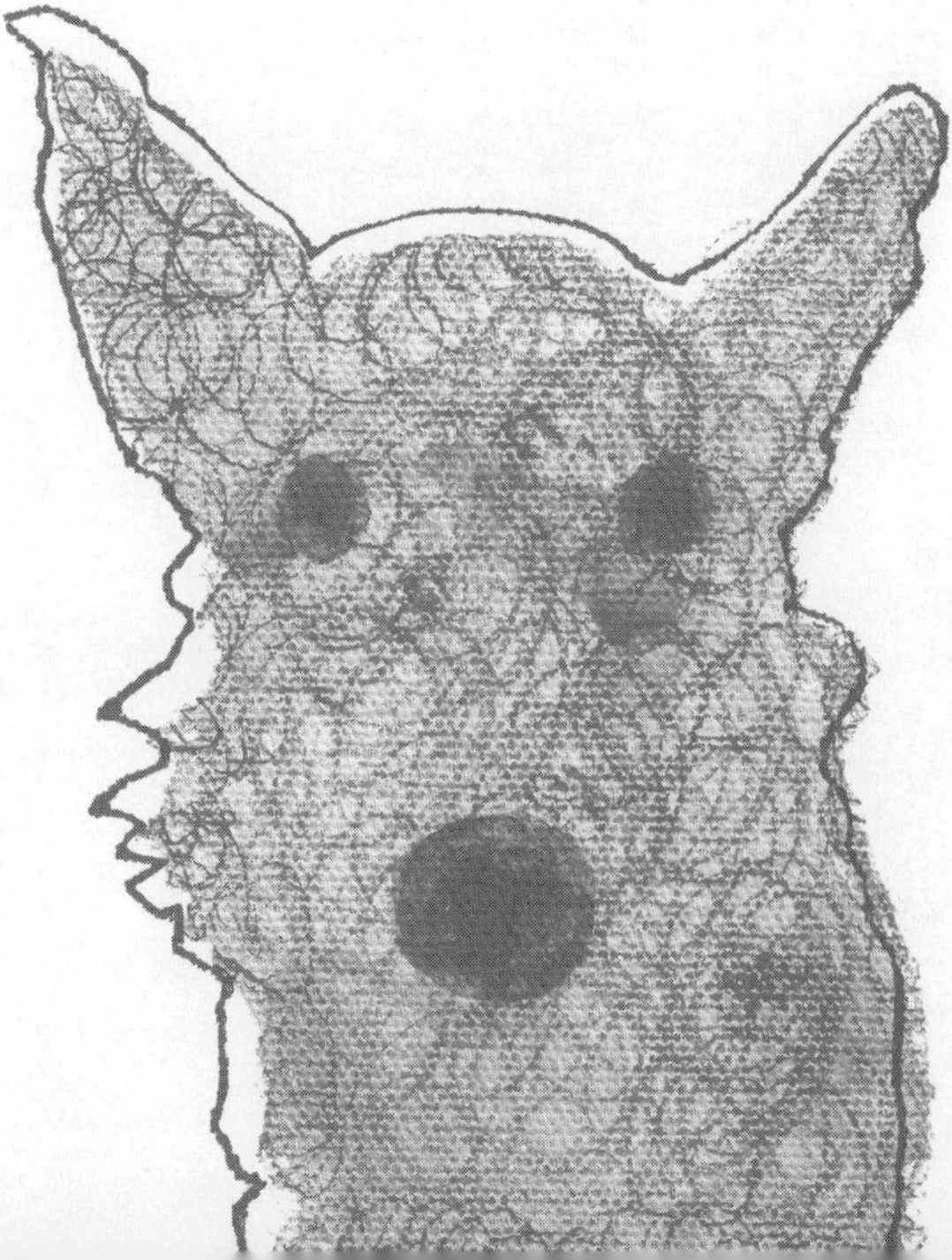

サンデーは相変わらず、いっしょにいるときは私のそばから離れることはなかった。

部屋の中ではどこにでもついてきた。お風呂《ふろ》もおトイレも。

休みの日は1日のほとんどを私のとなりで過ごし、夜もベッドでいっしょに眠った。

「サンデーはさみしがり屋なんだね」

私は、そう言いながらサンデーを毎晩抱きしめていた。

サンデーとの生活にもすっかり慣れ、私は毎日が楽しかった。仕事が終わって家に帰れば、サンデーが玄関《げんかん》で待っていてくれる。ひとりじゃないことがとてもしあわせだった。

サンデーは帰ってきた私の身体の匂いをひとしきり確かめる。顔をなめ、キスをする。

そんなふうに、サンデーに見守られて私のひとり暮らしは順調にすぎていった。

サンデーのおかげなのか薬のおかげなのか、発作はあの日以来、起きてはいなかった。

「どうか、このまま発作のない生活が続きますように」

私は毎晩祈りながら眠った。あの絶望感や孤独感は、できればもう味わいたくない。

サンデーがせがむようにじゃれてくると、私は座る。

座った私を安心したように見つめるサンデーの目。

私の顔をなめながら、鼻で顔を強く押《お》すサンデー。

そんなとき私は、サンデーを抱きしめるように、そのまま床《ゆか》の上で眠った。

そして、眠る前にこう思うのだ。私は今、ひとりじゃない。

今の私に必要なものは、最新の医療《いりょう》でもなく、救急車でもない。

目覚めたときの安心感——ひとりじゃないと思えることなんだ。

サンデー。サンデーがいっしょにいてくれるようになってから、私は変わった。

サンデーに会えてよかった。ここにいてくれてありがとう。
私を見つけてくれて、本当にありがとう。

05

サージャリー

さあ、行こう。

認知症《にんちしょう》を患《わずら》ってしまった母。
あなたは、ずっと母に寄《よ》り添《そ》ってくれたね。
サージャリー、あなたが癒《い》やしてくれたのは
母だけじゃなかったんだよ……。

父からめずらしく電話が入った。

「最近、母さんのようすがおかしいんだ……」

「どうしたの？　体調でも悪いの？」

「いや……。同じことを何回も言ったり、物忘れがひどくてな……。できればお前にも、いっしょに母さんのようすを見てほしいんだよ……」

私の家から実家までは、電車で4駅しか離れていなかった。結婚したばかりの頃はよく実家にも帰っていたが、子どもが大きくなるにつれて、その回数は減っていた。

「……わかった。来週から昼はそっちに寄るようにするから」

そう言って電話を切った。父の声が少し安心したように聞こえた。

それから実家に通いはじめると、私はすぐに母の異変に気がついた。

「ここに置いたはずのメガネがない」

母がそう言い出した。私の顔を見る父の目が「これだよ……」と言っていた。

私と父は、とりあえず母といっしょにメガネを探しはじめた。

家じゅう探しても見つからず、父がふと冷蔵庫を開けたら、メガネはそこにあった。

「あったよ、母さん。ちゃんと、ここにメガネがあったからね」

父が、やさしく母にそう言った。

そんなことが1日に何回か続いた。父は

「もう慣れっこだよ」という顔で私を見る。

母のこうした行動に、私はただとまどうだけだった。

「久しぶりに帰ってきたんだから、ゆっくりしていきなさいね」

毎日通《かよ》っているのに、母はそう言う。「毎日来ているよ」という言葉がのど元まで出る。

母は、いったいどうしてしまったのだろう？　私は、父とともに途方《とほう》にくれた。認知症《にんちしょう》になるには、まだ年齢《ねんれい》的に早いと思った。母と同じ年の友人たちは、元気で明るく趣味《しゅみ》の時間を過ごしている。夫の母は、私の母より年上だが、元気で何でもひとりでこなしている。そのためか、私はなかなかこの現実を受け入れることができなかった。

母はずっと外科医として働いてきた。総合病院に勤務していた母は、1日の大半を病院で過ごしていた。仕事ひとすじで生きてきた人だった。

家のことや私の世話は、父がほぼすべてやってくれていた。母の休みに合わせて旅行の計画を立てても、電話1本で病院へ行かなければならなかった母。それでも、寂《さび》しいという気持ちはなかった。それは父のおかげだと思っている。「お母さんは、たくさんの人を助けるお仕事なんだよ。すごいお母さんなんだよ」父はいつも、そう言っていたからだ。


医者に定年はないが、病院勤務には定年がある。母は定年を迎《むか》えたとき、きっぱりと医者を辞めた。

「これからは、今までずっとガマンしてきたことをたくさんするわ」

病院を退職をするとき、母はすがすがしい笑顔で言った。

病院を辞めて母がいちばん初めにしたことは、犬を飼うことだった。「子どもの頃からの夢だったの」と言って、迷わず柴犬《しばいぬ》を飼いはじめた。

名前は「サージャリー」と決め、まるで自分の子どものように大切に育てていた。

サージャリーは母によくなついた。母をボスと決めたかのように、いつでも母のそばにいて、母といっしょにどこにでもついていった。

「生きがいがあるってのは、いいことだよ」

母とサージャリーの仲むつまじい姿を見ながら、父は笑顔で言っていた。

父の願いでもあった温泉旅行にも、ふたりでよく出かけていた。

サージャリーを連れて夫婦と1匹、仲良くウォーキングも楽しんでいた。

仕事を離れてからの母は、今までとはまったく違う生活を楽しんでいた。

父も母も、このままずっと、こうしておだやかな毎日を送ってくれたらいい
――私はそう思っていた。

そのおだやかだった生活から、まだ4年しか経《た》っていなかった。

「まずは、病院へ連れていこう」

私は父と相談して決めた。

ところが、母は絶対にイヤだと言う。父がなだめるように説得しても、私が「いっしょに行くから大丈夫《だいじょうぶ》」と言ってもダメだった。

母はとなりに座っているサージャリーに、「病気でもないのに病院に行くなんて、医者の仕事を増やすだけなのにね」と言って笑っていた。

サージャリーは首をかしげながら、ただシッポを振《ふ》るだけだった。

母には申し訳ないと思いながら、「お父さんと3人で買い物に出かけよう」と言って母を連れ出した。着いた先が病院とわかると、母はひどく怒《おこ》っていた。

「必要のない検査だわ」

母はそう言っていたが、医師からの説明を受けても、よく理解できないようだった。

認知症はその進行を薬で抑《おさ》えることしかできない。父も私も、薬の効果が1日でも長く続くことを祈《いの》っていた。そして、私と父に〝薬の管理〟という仕事がひとつ増えた……。

スーパーへ買い物に出かけると、母は決まってティッシュペーパーを買ってくる。ついに家じゅうが、ティッシュペーパーの箱で埋《う》め尽《つ》くされるほどまでになった。

「たくさんあるから、もう買わなくてもいいのよ」

そう言っても、やはり毎日買ってきてしまう。

「いいんだよ。あって困るものではないから、させてあげよう」

父はそう言って母の手を握《にぎ》りしめていた。

キッチンのコンロの火の消し忘れも増えた。

そのたびにサージャリーが吠《ほ》えて教えてくれる。父や私があわてて火を消す。

母は自分がしたことも忘れ、「危ないから気をつけなさい」と、父や私を責めるようになった。

「財布が見つからない。盗《ぬす》まれたに違いない」

母がそう言って警察を呼んだときは、さすがに父も私も、もう限界だと思った。

警察の人には事情を話して、そっと帰ってもらったけれど「なぜ捜査《そうさ》してくれないの」と、母は怒鳴《どな》り声まであげていた。

怒《いか》りで我を忘れている母に、サージャリーがかけ寄る。

サージャリーは母の素足をやさしくなめてあげていた……。

「仕事に遅《おく》れるわ」

母は思い出したように、着替《きが》えをはじめて出かけようとする。

「今日、仕事はお休みの日だよ……」

父はそう言って、なだめるように言い聞かせた。

「それなら、いつ電話が来てもいいように準備しておかなくちゃね」

母は納得のいかない顔で、ブツブツと怒ったようにしていた。そうかと思うと、急にパタリとソファーに座りこみ、窓の外をながめている。

サージャリーはそんな母にずっと寄《よ》り添《そ》うようにつきあっていた。

ふと我に返った母は、サージャリーの身体をゆっくりとなではじめる。

そうすると不思議なことに、母の目はだんだんとおだやかになっていく。

私も父も、サージャリーのこの不思議な力に感謝の気持ちでいっぱいだった。

——しかし、ついに恐《おそ》れていた母の徘徊《はいかい》がはじまった。

認知症の症状に気づいてから、3年目のことだった。

母は、昼夜かまわずふらりと家から出ていってしまう。私も父も、緊張《きんちょう》しながら母を探しまわった。事故に遭《あ》っていませんように、と祈りながら——。

サージャリーは、母の徘徊にはかならず付き添ってくれていた。運よく見つけることもあれば、近くの派出所から電話が来て迎えに行くこともあった。サージャリーの首輪についている名前と電話番号で連絡《れんらく》をくれるのだ。

「サージャリー、ありがとね」

私は、母の徘徊のたびにサージャリーの頭をなでてお礼を言った。

母の症状が進むにつれて、私たちの負担は大きくなった。

父も私も、心身ともに疲《つか》れ果てていた。

「ごはんを食べさせてくれない」「外にも出してもらえない」

「仕事も何もかも、あんたたちに取り上げられた」

そんなことを言われるたびに、私たちは途方にくれた。

症状が進むと、着替えや身の回りのこともやりたがらなくなった。パジャマのままで1日を過ごしている。ベッドに横になりながら、母はテレビの画面をぼんやり見つめている。

番組の内容はまったく理解できていなかった。

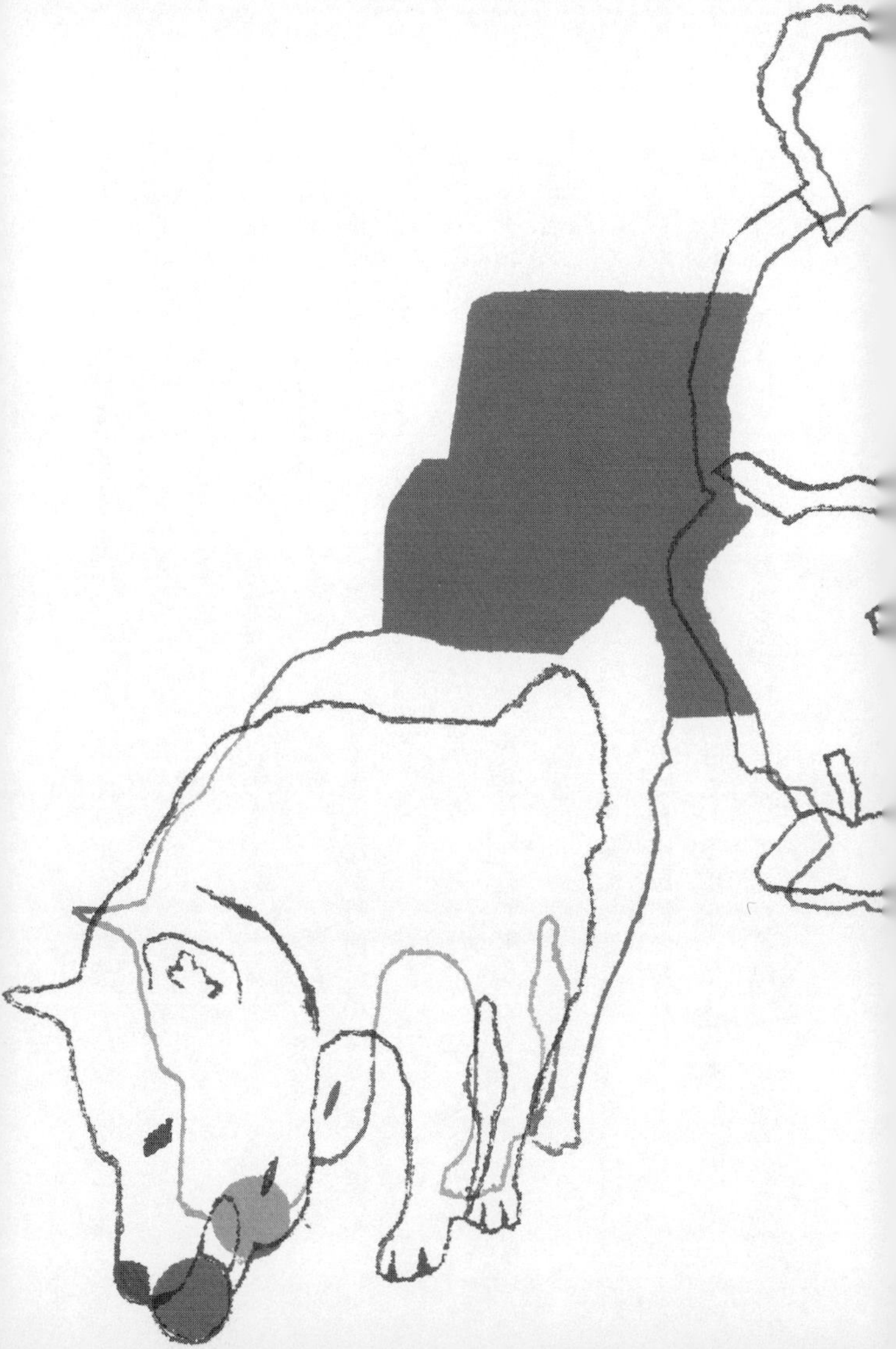

あの日、私はお昼にうどんを作った。食べやすいように、めんを短く切っておく。少し冷めた頃に母に食べさせる。

「さぁ、お母さん。お昼ごはんよ」

私が声をかけると、母はうつろな目をして私の顔をじっと見つめた。

「あなた……どちらさま?」

息が止まるほど、おどろいた。そして、私の心のなかで何かがはじけてしまった。言葉にできないほどの絶望を感じたのだ。

私は声を出すこともできないまま、母の前から立ち去った。

キッチンに戻《もど》った瞬間《しゅんかん》、全身の力がぬけ、ひざを抱《かか》えて座り込んでしまった。

嗚咽《おえつ》はいつしか涙《なみだ》になり、私は声をあげて泣きはじめた。

幼い頃の母の記憶《きおく》がよみがえってきた。ほとんど家にいることがなかった母。

友だちの家で、おやつを用意して待っていてくれる母親に憧《あこが》れたこともあった。

それでも父の言葉通り、たくさんの人を助けている母を、私は尊敬していた。

誕生日にはかならずたくさんの本をプレゼントしてくれる母を、私は心から愛していた。

その母が、私を忘れた——。私の存在は、母の中で死んでしまったのだ。

悲しかった。言葉にできない悲しみだった。悲しくて悲しくて、涙が止まらなかった。


ゆっくりと歩いてきたサージャリーが、私に向き合うように座り込んだ。

私をじっと見つめたあと、私の肩《かた》に頭をのせると、「クーン、クーン」と小さく鳴いた。

言葉が話せるとしたら、サージャリーは私にこう伝えてくれていたと思う。

「泣かないで……」

サージャリーは母の介護《かいご》のために、存在してくれていると思っていた。

母のためにに自分ができることを、健気《けなげ》に尽くしてくれている存在だと思っていた。

それは間違いだった。サージャリーは、母を看《み》る私や父のためにも存在してくれていた。

私はサージャリーを強く抱きしめた。そうしているだけで、不思議と心が落ち着く。

私も、母と同じようにサージャリーに癒《い》やされていたのだった。

——どれくらいそうしていただろう。サージャリーが立ち上がった。

「さあ、行こう」

サージャリーの瞳《ひとみ》がそう言っていた。私は涙をふいて、立ち上がった。

サージャリー……ありがとう。

どうしようもなく疲れ果てたとき、私はあのときのサージャリーの瞳を思い出す。

そして、ひとりで小さな声でつぶやいてみる。

「さあ、行こう」

立ち上がるための魔法《まほう》の言葉。私だけの魔法の言葉。

私は、サージャリーから大切なことを教えてもらった。

06

マックス

ゆっくり、しあわせになろうね。

ひとりで強がって生きてきた私。
耳を折って、牙《きば》をむくあなたは、まるで私。
だけど少しずつ、あなたと私は心を開いて……。

あの頃の私には捨てられないものなんて、ひとつもなかった。

暮らしているマンションが、もし火事になりすべて燃えてしまったとしても、きっと私は困らない。何も持たない――これが、私の選んだ生き方だった。

私は〝結婚しない〟という人生も自分で選んだ。わずらわしい人間関係は職場だけで十分だったし、責任という名のプレッシャーも仕事だけで、たくさんだった。

ひとりがいちばんいい。好きな時間に、好きなことを、好きなだけできる。

これ以上、何が必要なんだろう――そう思っていた。

中古で買ったマンションは、ペットといっしょに暮らせるマンションだったけど、私にはもちろんペットはいない。エレベーターの中で犬を抱《だ》く住民と出会うが、なぜ自ら責任を背負い込むのか私には理解できなかった。

その年の春、私は40歳になった。誕生日休暇《きゅうか》をもらって、家でまったりとしていた。

すると、突然ものすごい揺《ゆ》れがおそってきた。立っていられないほどの揺れの中、壁《かべ》をつたって、私はひとまず脱出できるように玄関《げんかん》のドアを開けた。

(いったい何が起きたの?)

私がテレビのスイッチを押《お》すと、画面には現実とは思えない世界が映し出されていた。

東日本大震災《だいしんさい》の発生だった。

その日から、来る日も来る日も被災地《ひさいち》のようすがテレビから流れてくる。

しかし、これほど大変なことが起きたというのに、私の生活に劇的な変化はなかった。

多少の不便はあったけれど、私は毎日仕事に行って帰ってくる——その繰《く》り返しだった。

震災から1か月経《た》った頃、仕事から帰って、いつものように部屋のテレビをつけた。

画面には、震災で飼い主を失ったペットたちの姿が映し出されていた。

番組は、被災地で多くのペットが飼い主の帰りを待ち続け、ボランティア団体が里親を探していることを伝えていた。

写真で構成されたその番組を、私は食い入るように見つめていた。

見ているうちに言いしれぬ感情がこみ上げ、いつしか私は涙《なみだ》を流していた。

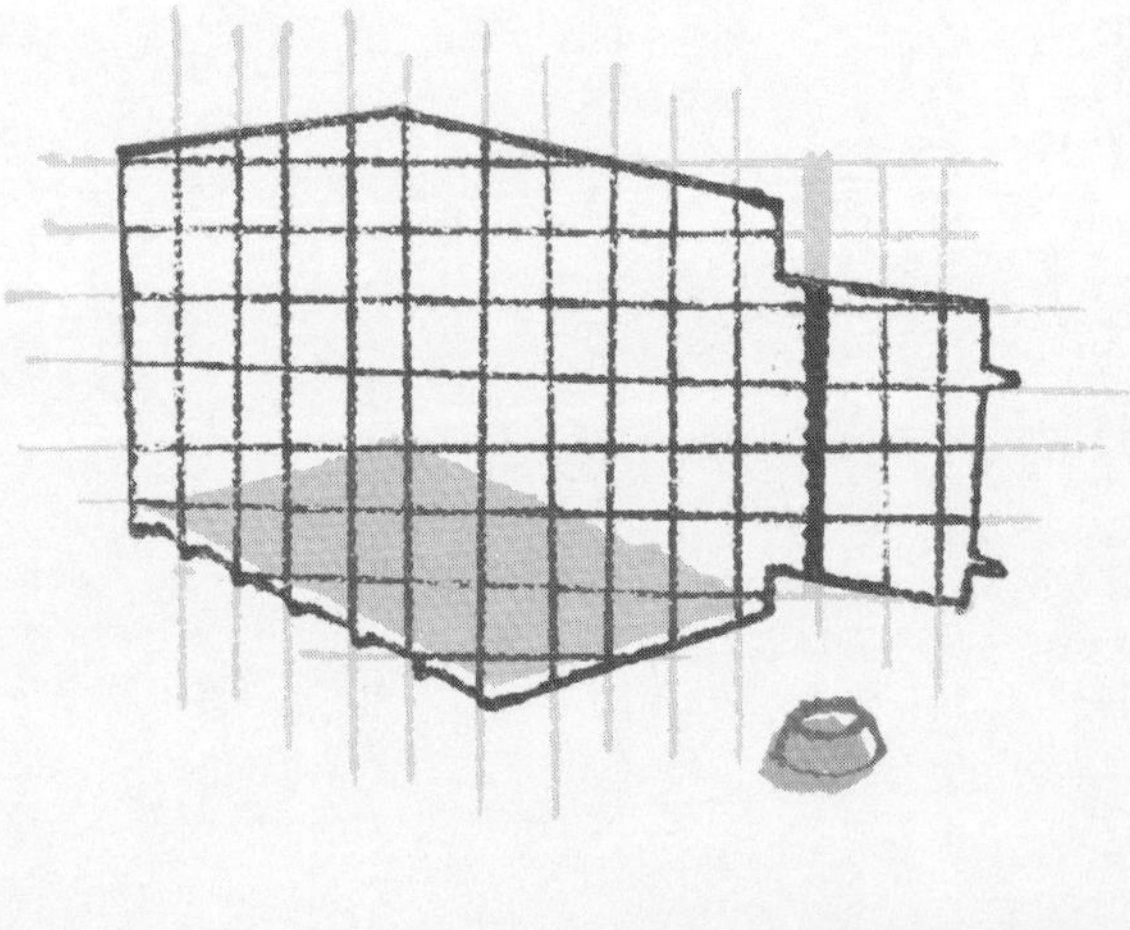

数多くの写真の中、ある1枚の写真から目が離せなくなっていた。

寒さと飢《う》えと恐怖《きょうふ》に震《ふる》え、ケージの奥で耳を折り、牙《きば》をむいている1匹の和犬ミックス。

場面が切り替《か》わっても、私はあの犬の〝一瞬《いっしゅん》の表情〟が頭にこびりついて離れなかった。

テレビのテロップに出ていたボランティア団体の名前と連絡《れんらく》先を急いでメモし、私は電話番号を押していた。

あの犬を助けたい——そう思ったのだ。

夜の9時をすぎた電話だったのに、ボランティアスタッフはていねいに応対してくれた。

私は、テレビで見た犬のことをたずねた。

スタッフによると、「写真を撮影《さつえい》した頃よりは攻撃《こうげき》的ではなくなっているが、今でも人に対して心を開くようすはない」という。

私は「明後日《あさって》にはそちらに向かいます」と伝えて、電話を切った。

次の日、私は丸一日準備に動きまわった。被災地から少し離れているが、ボランティア団体がいる場所までは自力で車を手配して行かなければならない。車の準備、食料品の調達。保護されている犬たちのために、ドッグフードと水も買った。そして、大きなケージも。あの犬をこのケージに入れて、この部屋に帰ってくるつもりだった。

会社には「有給休暇すべてを使いたい」と申し出た。断られると思ったが、会社はあっさりと認めてくれた。自分がいなければ仕事は立ちゆかない――そう思っていたのは、ただの思い上がりだった。私じゃなければできない仕事なんてなかったのだ。

翌朝、地図を頼《たよ》りに私は現地に向かった。私のおぼつかない運転で4時間もかかった。

到着《とうちゃく》したその場所は、たくさんの犬や猫《ねこ》であふれていた。一時預かりとしてここで暮らしている犬もいたが、飼い主をひたすら待ち続けるだけの犬もいた。

電話で話したスタッフが、応対に出てきてくれた。

用意してきた支援品《しえんひん》を彼にわたし、私はさっそくあの犬に会いたいと申し出た。

彼は、プレハブの奥へと私を案内してくれた。

部屋のいちばん奥に、あの犬はいた。

「この子は地震のあと、ずっとひとりでさまよっていたようです。飼い主を捜《さが》し、食べ物を探して。私たちが保護し……」

彼の説明を、私はそこまでしか覚えていない。

ケージの奥で、おびえるように座っているその犬に心が奪《うば》われ、目が離せなくなっていた。テレビで見ていたときの、あの切ない感情がよみがえる。

犬は相変わらず鼻先にシワをよせ、牙をむいていた。

(怖《こわ》いんだ……)

地震がもたらした環境《かんきょう》の激変は、この子に恐怖を植え付けてしまったようだった。

「……この子、連れて帰っていいですか?」

私が涙声でそう言うと、彼はおどろいた顔で私を見つめた。

ひと呼吸おいて、彼はゆっくりと話しはじめた。

「この子は、まだ人間を信頼《しんらい》していません。身体に触《さわ》られるのも嫌《いや》がります。この子は飼い主に見捨てられたと、今も思っているんです。あなたは好きな人と信頼を築くために、どんなことをしますか？　それと同じことを、この犬にしてあげられますか？　慣れるまでは〝忍耐《にんたい》〟の日々ですよ。それでもあなたは大丈《だいじょう》夫《ぶ》ですか？」

もちろん、大丈夫なわけはない。

だけど私は「大丈夫です」と、はっきり答えていた。

さっそく車に積んできた大きめのケージに犬を移した。犬はスタッフが少し触るだけで鼻先のシワを深くし、牙をむいてうめき声を出していた。

それでも噛《か》みつくことはしなかった。ただ、人間が怖かったのだろう。

私はその他の注意事項を聞いて、書類にサインをし、帰途《きと》についた。

車が揺れ、犬がクゥ……と声を出すたびにドキドキする。

その日から、私は今まで感じたことのない責任とプレッシャーを抱《かか》えることになった。

自らこれらを背負い込んでしまったのだ。

自分でもおどろくような行動と決断だった。

部屋に着いてからは、決めておいた場所にケージを置いた。テレビはつけず、余計な物音をたてないように努《つと》めた。エサは時間を決めて、1日に3回。声をかけながら与えた。世話をする以外は、あまり刺激《しげき》を与えないようにした。

それから、私はこの子の名前を考えた。いろいろ考え、いつか最高にしあわせになってほしくて「マックス」という名前にした。最大級のしあわせをつかんでほしかった。

3日目から、ケージの扉《とびら》を開けたままにした。昼は音量を小さくしながらテレビをつけ、生活の音を聞かせるようにした。食器を洗う音、トイレの音、洗濯機《せんたくき》の音、私が歩く音。

だけど、扉は開いているのにマックスは一歩も出てくることはなかった。

5日目になると、マックスは上目《うわめ》づかいでクンクンと匂《にお》いを嗅《か》ぎながらケージからゆっくりと出てくるようになった。私はじっと動かず、マックスのようすを目で追った。

警戒しているのは、ひと目でわかった。ところが、マックスはテレビから聞こえた大きな音におどろいて、すぐにケージの中に戻《もど》ってしまった。

その日は、それきり出てこなかった。

次の日から、マックスはケージから少しだけ出ては戻る、ということを繰り返すようになった。ちょっとは前進したかな、と思うと、ケージからまったく出てこない日もあった。

3歩進んで2歩下がる――これがスタッフの言っていた〝忍耐〟なのだろう。

忍耐――わかっていても、やはり不安にもなる。

(このまま何の歩み寄りもなかったなら、どうしたらいいんだろう?)

そんなことを思いながらソファーに座り天井を見つめていた。

いつものように、ゆっくりとケージから出てきたマックスは、匂いを確かめながら部屋を歩きまわった。そして私の足元にたどり着くと、時間をかけて私の匂いを確認した。

何かを思い出すように。何かを覚えるように……。

それからマックスはケージには戻らず、部屋のすみで横になった。これは大進歩だった。

私は、マックスに少しだけ受け入れてもらった気がしてうれしくなった。

その日からマックスはケージから出て、部屋のすみで横になることが多くなった。生活音にもだいぶ慣れてきていた。テレビの音や洗濯機の音、そして私の足音や動作にもビクビク反応はしなくなっていた。

できることなら、マックスを抱《だ》きしめてあげたい。「大丈夫だよ」と言って、なでてあげたい。でも、こればかりはマックスの気持ちを優先しなくてはならない。

あせってもしかたない——マックスのあるがままを受け入れよう。私はせかすこともなく、マックスをただ見守った。

有給休暇も使いきり、私はいつもの日常へ戻った。いつもなら残業をかって出ていたが、今は違う。どの仕事も効率よく進め、定時には帰れるよう仕事に集中した。

飲み会の誘いもすべて断った。つまらない買い物をしてしまう寄り道もやめた。自分の帰りを待っている者がいると思うと、改札に並ぶ人の列ももどかしい。

1秒でも早く帰って、マックスに会いたかった。

マンションについて、エレベーターを降りると、私はわざと大きな足音をたてて玄関に向かった。マックスに自分の帰りを知ってほしかったからだ。1日ずっといっしょにいられるわけじゃないけど、私はかならずキミのところに帰ってくるよ――私は大きな足音で、それを伝えたかった。

1か月すぎても、マックスとの距離《きょり》はそれ以上縮まることはなかった。おたがい、つかず離れずの距離を保ちながら暮らしていた。

「マックス、ごはんだよ」

エサの準備をしながら、そう声をかけると、マックスは耳を立てて、私のようすをじっと観察する。エサを置いてやや離れた場所に立つと、ゆっくりとエサに近づいていく。

飢えた体験がそうさせるのか、マックスはうなり声をあげながらエサを食べる。身体に刻まれた傷跡《きずあと》を見ると、食べものの取り合いでケンカになったこともあったのだろう。いつしか荒《すさ》んでいったマックスの心を思うと、私はいつも涙が出た。

「誰《だれ》も取り上げたりしないよ……。マックスのごはんは、マックスだけのだから。ゆっくり食べていいんだよ……」

そうつぶやいてしまう。

あとどれくらい、こうやってマックスを見守り続けるのだろう。

マックスは私を受け入れてくれるだろうか。そんな絶望にも似た気持ちがまた涙になる。

スタッフが言っていた〝忍耐〟が、こんなにもつらいものだとは考えもしなかった。

マックスと暮らしはじめて2か月をすぎた頃、梅雨《つゆ》の時期に入った。

毎日がじめじめとしていた。ゆううつな気持ちになる季節……。

私は、床《ゆか》に座ってソファーにもたれかかりながら、携帯《けいたい》電話でメールを打っていた。ボランティア団体へ、マックスのようすを定期的に報告するのだ。

毎回、同じ内容しか書けないことが寂《さび》しかった。

すると、マックスが部屋を1周しはじめた。歩き方もしっかりとしている。

私は手にしていた携帯でマックスを撮《と》ってみた。「カシャ」というシャッター音にもおびえることなく、マックスは部屋の中を歩いている。

そして、私の足元へ来たマックスは、私の匂いの確認に来た。

私はいつものように、じっとしながら見守っていた。すると、マックスが私の足先をなめはじめた。そのときのおどろきを、私は今でも忘れない。

それからマックスは私に体重を預けるように横になった。

素足に伝わるマックスの体温が、とてもあたたかだった。

私はゆっくりとマックスの背中をなでた。ゆっくりと、やさしく、何度も何度も。

涙がこみあげた。のど元がしめつけられるくらい痛かった。

体温ってこんなにあたたかいんだ……。

寄《よ》り添《そ》ってもらえるって、こんなにしあわせなんだ……。

「マックス……。私、今、とってもしあわせだよ。あたたかくて、やわらかくて、本当にしあわせ。マックス、ありがとう。いっしょにいてくれて本当にありがとう」

私は、声に出しながら泣いていた。

こんなにたくさんの涙がいったい自分の身体のどこにあったんだろう……。そう思うくらい泣いた。

マックスに会うまで、私には〝捨てられないもの〟なんかひとつもなかった。

でも、今は違う。マックスがいる。

守るべき命を抱くということは、それだけで生きる力がわきあがる。

「マックス、ゆっくり、しあわせになろうね」

07

空知《そらち》

あきらめないで信じること。

泣かずに強く生きてきた、かわいくない私。
そんな私のところに来てくれたブサイクなキミ。
キミのおかげで、私は初めて心を開くことを知った。
空知、キミと出会えてよかった……。

私はうまく泣くことができない。悲しいことが起きても、涙《なみだ》は流れてこない。

3人きょうだいのいちばん上。母に甘《あま》えたいと思っても、弟たちにそれを譲《ゆず》ってきた。

お姉ちゃんだから――両親から言われるまでもなく、自分でそれを感じとり、お姉ちゃんらしく振《ふ》る舞《ま》ってきた。泣くのは弟たち。

私が泣いていたら、弟たちをなぐさめる人がいない。だから私は泣かずに生きてきた。

4年前の夏、母が自殺した。アパートから自宅にかけつけたけれど、母の顔は見なかった。泣き続ける家族を冷静にながめながら、「バカなことを」と思っただけだった。

がっくりと肩《かた》を落とした父の代わりに、私が喪主《もしゅ》を務《つと》めた。

真夏の青空に立ちのぼる火葬場《かそうば》の煙《けむり》をぼんやりと見つめながら、私はただ「暑いな」とつぶやいただけだった。

生きていれば、毎日が〝不意打ち〟の連続だ。不意打ちを食らうたびに、私の心は固まる。〝固まる〟という表現以外ないくらい、心が本当に固まって動かなくなる。

それが一瞬《いっしゅん》のこともあれば、長引くこともある。

期待が大きければ大きいほど〝不意打ち〟のダメージも大きく、私の〝固まり〟も長引く。

ウソを重ねる大人たち、簡単に人を裏切る大人たち——子どもの頃も大人になってからも、そんな人間をたくさん見てきたはずなのに、私は不用意に人を信じてしまう。

「だますより、だまされろ」

そんなことをおばあちゃんは言っていた。でも現実の社会では、それはかなりつらいことだ。おばあちゃん……そうは言っても、やっぱりそんな簡単じゃなかったよ……。

どんなときでも涙を見せない私は、どう考えても〝かわいい女〟ではなかった。

「お前はひとりでも生きていける女だよ」

いつも相手にそう言われて恋は終わる。

何度も同じ言葉で失恋するから、私は案外その言葉が気に入っていた。

信じたからこそ開いた心、そこから紡《つむ》いだ言葉の数々も、受け取る相手を失って、ただ宙《ちゅう》に浮かんで消えていった。信じて貸したお金もきれいに消えた。

5回目の恋が終わった日の帰り道、動物病院の横を通りかかると、そこに「小犬（フレンチブル）あげます。おとなしく、あまり鳴きません」という張り紙があった。

いっしょに貼《は》ってあった写真を見ると、どう見てもかわいい犬とは言いがたい。これがいわゆる「ブサイク犬《けん》」と言うのだろうか。私は、そのまま通りすぎた。全然かわいくない犬。おとなしい犬。かわいくない女とブサイクな犬。泣かない女と鳴かない犬——いいコンビだ。そう思うと、つい笑ってしまった。

1週間経《た》っても、2週間経っても、張り紙はそのままだった。私はいつの間にか、動物病院の横を通るとき、「まだ張り紙がありますように」と願うようになっていた。

あと2日、この張り紙があったら、私が「ブサイク」を引き取ろう——そう心に決めた。

ブサイクな犬と、かわいくない私の恋。

だますより、だまされろ——私は「ブサイク」にだまされる覚悟を決めた。

いつまでも「ブサイク」と呼ぶのもかわいそうなので、私は真剣《しんけん》に名前を考えた。いろいろ悩《なや》んだ挙げ句、響きがいいからという理由で、私は「空知《そらち》」と名付けた。「空を知る」というのは、すがすがしくていい。「空《から》っぽを知る」という意味もある。空っぽを知れば、あとは満ちるのを待つだけだ。

空知は、最初こそやや警戒《けいかい》しているようすだったが、そのうちお腹《なか》を見せながらよろこびのポーズを決めるようになった。

そして、あの張り紙通り、空知はおとなしくて鳴かない犬だった。

空知は散歩に行くとき、かならずボールをくわえて出かける。公園に到着《とうちゃく》すると、そのボールを私の前にポトリと落として、投げろと催促《さいそく》する。前足を地面につけ、おしりを高くあげて、シッポを左右に軽く振る。それは空知の「遊んで！」というポーズだった。

だけどボールを投げてみるものの、私のフォームと力では遠くまで飛ばない。いつまで経っても期待通りにボール遊びができない空知は、ここのところ呆《あき》れたようにトボトボとボールを拾いに行く。その後ろ姿には哀愁《あいしゅう》すら漂《ただよ》っていた。期待しているのに、ちっとも飛ばないボール。

私だったら、とっくに期待することをやめてしまっている。

(空知……なんでいつまでも信じるの？　私が遠くまでボールを飛ばすことを……)

私は、ボール投げを真剣にマスターしようと決めた。

空知の期待を裏切り続けちゃいけない――そう思い立った。

早朝の運動公園の広大な駐車場《ちゅうしゃじょう》で、私はボール投げを練習した。もちろん研究もした。見たこともなかったプロ野球を見ながら、投手のフォームを頭にたたき込んだ。

練習すれば簡単だ、と思っていたこのボール投げは、しかし、私にとってはとても難しいことだった。やればやるほど身体に力が入り、うまくいかない。ボールを手離すタイミングが悪いのか、投げたら自分の足元で跳《は》ね返って、ボールが顔に当たることもあった。

空知は「ボールが拾いたいんだ」という目で私を見る。

「待ってろよ、空知。そのうち遠投《えんとう》してあげるからね」

空知の頭をなでながらそう話しかけると、空知はお腹を見せながらよろこびのポーズを決めた。

日々の練習の成果か、ずいぶんと遠くまでボールを投げることができるようになった。私がボールを投げようと構えると、すでに空知が走り出している。

空知の頭上を越《こ》えて、ボールは空知の向こうへ落ちる。空知はボールをくわえて、シッポを振りながら戻《もど》ってくる。

まさしく、これこそが私と空知が求めていたボール遊びだった。

ときには、空知と追いかけっこを楽しんだ。ボールを持った私が逃《に》げるように走りだすと、空知が追いかけてくる。

飛びはねるように追いかけてくる空知と、それを見て笑う私。

空知にタッチされると、アスファルトの上に大の字になって横たわり、ひと息いれる。

早く続きをやろうよ、と言わんばかりに、空知は私の顔をなめ続けた。

やがて、本格的な冬がはじまった。吐《は》く息も白く凍《こお》る東北の朝。寒さに耐《た》えられず、私はボール投げの回数を減らし、追いかけっこの時間を長くした。

追いかけられるのも悪くない。空知は私の思いを裏切ることなく、いつまでも追いかけてくれた。タッチしたときの空知の目の輝《かがや》きと、私の笑い声。冷たいアスファルトに横たわることが気持ちいいくらい、私と空知は走りまわった。

ある日、いつものように空知と私は追いかけっこを楽しんでいた。

気がつくと、空知が私を追いかけてこない。振り向くと、遠くから何かが走り寄る音が聞こえた。１匹の大型犬が私と空知めがけて、一目散《いちもくさん》に走ってきたのだった。

それは一瞬の出来事だった。大型犬は空知の首に嚙《か》みつくと頭を左右に振った。まるで獲物《えもの》をしとめたライオンのように。空知が短く悲鳴をあげた。

大型犬が次に向かったのは、ボールを手にした私だった。

空知は立ち上がって私の前に立ち、大型犬に向かって牙《きば》をむいた。

そのとき、大型犬の飼い主が首輪とリードを持って、あわてて走ってくるのが見えた。

大型犬が今度は空知の後ろ足に嚙みついた。リードで大型犬を縛《しば》りつけるように押《お》さえる飼い主。戦いの姿勢に入った大型犬を捕《と》らえることは慣れた飼い主でも難しい。

空知の身体は、鮮血《せんけつ》で真っ赤になっていた。

私は動けなかった。〝不意打ち〟を食らって〝固まる〟私。いつもは気にも留

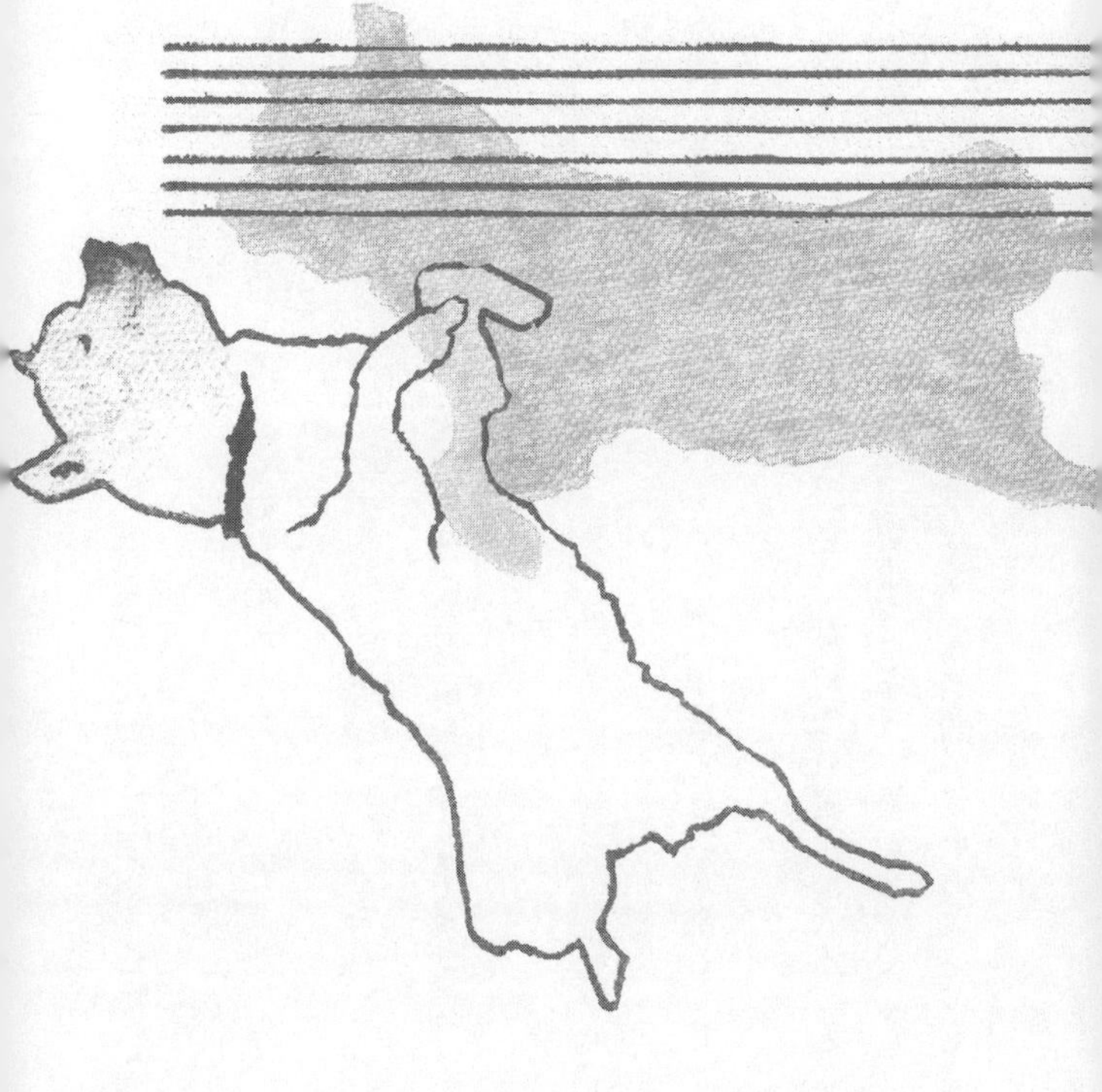

めずにランニングをしている人たちが、私の代わりに空知を動物病院へ運んでくれた。

私は結局、この不意打ちで、頭も心も、何もかも止まったままになってしまった。

動物病院へ行き、処置をしてもらった。大型犬の飼い主がいつまでも「すみません」と頭を下げ続けていたが、私は何の返事もできなかった。

獣医《じゅうい》がたずねた。

「飼い主さんは、どちらですか？」

私は顔をあげて、獣医を見つめた。

「冷静な飼い主さんですね。たいていの飼い主さんは取り乱してしまう事故ですが……」

獣医はそう言いながら、ほんの少しうつむいて、処置室に入ることをうながした。

処置室に入ると、そこには空知が包帯を巻かれて横たわっていた。

思ったほど痛がっているようすはなく、落ち着いているようにも見えた。

鳴いたり、悲鳴をあげたりしない空知を見て、私は小さな声で獣医にたずねた。

「痛がってないようですけど、大丈夫《だいじょうぶ》なんでしょうか？」

「いや、実は空知くんの首の傷は思ったより深いです。最善を尽《つ》くしますが、今のところは……。たいしたことないように見えますが、犬は痛みを感じると回復するまでじっと動かなくなります。痛みがある間はうずくまるか、何もしないのが普通《ふつう》なんです」

私はその話におどろいた。固まったままの私から、やはり涙は流れなかった……。

次の日から私は毎日、朝と夕の2回、病院に通った。

ただじっと動かずにいる空知を看《み》ながら、空知の痛みを想像した。

空知の背中を何度もさすりながら、空知の痛みを思った。

5日目の夜、病院から電話が来た。できれば、すぐに来てほしいと。

「今夜が峠《とうげ》かもしれません」

そう言ったきり、獣医は何も話してはくれなかった。

真冬の夜の風を切り裂《さ》き、私は必死に自転車のペダルをこいで病院に向かった。

私の手と心は、凍るように冷たくなっていた。

病院に着くと、私は横たわった空知に触《ふ》れて、空知の顔におでこをつけた。

「ごめんね、空知……。痛い思いさせちゃったね。ボール投げ、もうできなくなっちゃったね。あれ、ホントに楽しかったよ。ごめんね、空知……」

しばらく黙っていた獣医が、ゆっくりと話しはじめた。

「泣いていいんですよ。そういうときは思い切り泣くんです。人間は泣くことで、痛みやつらさを減らすことができるんですから」

となりにいた看護師が、私の背中をゆっくりさすってくれた。

あたたかい手で何度も背中をさすられているうちに、私はのどがしめつけられるように苦しくなり、やがて涙がこぼれてきた。私は泣いた。

「思い切り泣くんです」

その言葉が、なぜだかとてもつらかった。つらくてつらくて、私は泣いた。

「空知にもう会えないなんてイヤだよ。ひとりぼっちなんて寂《さび》しいよ。空知……」

こみ上げた感情が一気に口からこぼれ落ちた。悲しくて、悲しくて、涙があふれ、そしたらもう、どうにも止まらなくなった。

やがて私は大きな声で泣きはじめた。今までずっとガマンしてきたことが、一気にあふれ出た。寄《よ》り添《そ》っていた空知の身体に、私の涙がぽろぽろと落ちていく。たくさんの管《くだ》につながれた空知。私はその夜、空知をずっと看病し続けた。ときどき看護師さんが空知のようすを見に来ては、「安定してますよ」と言って、また奥《おく》の部屋へ戻る。

夜は長かった。その長い夜の間、私は空知との時間を思い出していた。ボール投げ、ごはんをあげるときの空知の顔、お腹を見せて遊んでという空知のポーズ。

どれもこれも、楽しいことばかりだった。いろんな空知を思い出したら、私はまた、ぽろぽろと泣いてしまった。

長い夜が明けた――。空が少しだけ明るくなったとき、空知の目が開いた。

「空知……」

私は小さな声で呼んでみた。空知は、うつろな目で私を見つめ返した。

「空知。おいていかないで……。もっといっしょにいようよ……」

獣医が足早に病室に来てくれた。

「峠は越えたようです。あきらめないで信じることも、大切なんですよ」

——長い長い入院を終えて、空知は元気になって私のところに帰ってきた。

私と空知の生活がまたはじまった。

泣くことは大切だ。悲しいときは誰《だれ》にどう思われようと、大声で泣くんだ。

それでいいんだ。その声が誰かに届くこともある。

私は、そのことを初めて知った。空知がそれを教えてくれた。

Chapter 2

愛犬から飼い主へ――。

08
チョコ

もっともっと、泣いていいよ。

圭介《けいすけ》さんと加奈《かな》さんの喫茶《きっさ》店。
ボクはそのお店の「看板犬《かんばんけん》」だ。
ふたりのお店は、いつもお客さんでいっぱい！
だけど、ふたりには悩みがあったんだ……。

圭介《けいすけ》さんと加奈《かな》さんには子どもがいない。

ボクがそれを知ったのは、この家に来てすぐのことだった。

「どうしてあきらめちゃうの？　まだいくらでも方法があるでしょう」

圭介さんのお母さんは、少し強い口調で加奈さんを責めていた。

「子どもができないからって、犬なんて飼いはじめて……」

「母さん、そうは言うけど、このまま治療《ちりょう》を続けることはもう限界なんだよ。身体の負担もあるし、やっぱり、加奈の心の負担も大きいんだ」

圭介さんは、お母さんにゆっくりと、でも、はっきりと伝えていた。

そんな重い空気に包まれた会話が、ここのところずっと続いていた。

ボクは、加奈さんのひざの上に抱《だ》かれたまま、話を聞いていた。加奈さんはその間、ひとことも話さなかった。加奈さんはうつむいたまま、ずっとボクを見つめていた。

(加奈さんが泣いている。どこか痛いの？　加奈さん、病気なの……？)

ボクには、話はよくわからなかった。だけど、加奈さんが泣いている。

きっと、これはよくない話だ──そう思っていた。

ボクがこの家に来たのは春、3月のことだった。

圭介さんと加奈さんがはじめた喫茶店《きっさてん》の「看板犬《かんばんけん》」としてやってきた。あの頃のボク、実は看板犬ってどんなことをするのか、よくわからなかったんだ。

お店には、毎日たくさんのお客さんが来てくれた。高校生、ＯＬさん、ご近所のおじいちゃんやおばあちゃん。もちろん、圭介さんや加奈さんのお友だちも。

加奈さんはお客さんが来るたびに、ボクを紹介《しょうかい》してくれた。

「看板犬のチョコです。おとなしくて、いたずらはしないから、大丈夫《だいじょうぶ》ですよ」

加奈さんは、とびきりの笑顔で、いつもこうやって新しいお客さんにボクを紹介してくれる。

その頃から、ボクにはたくさんの友だちができた。

ひとつ。たくさんのお友だちと仲良くすること。

ふたつ。騒《さわ》がず、うるさくせず、加奈さんのお手伝いをすること。

みっつ。加奈さんが大切にしている人たちを、ボクも大切にすること。

この3つを守ることが、看板犬のお仕事なんだって。

加奈さんはどんなお客さんが来ても、やさしく話しかけるんだ。

「いらっしゃいませ。今日は、お天気がよくて気持ちいいですね」

「わぁ！　お久しぶりです。お元気でしたか？」

そんなふうに笑顔の加奈さんに話しかけられると、たいていのお客さんは、うれしくなってニコニコと話をはじめる。

加奈さんは、お話を聞き出す天才だ。ボクはそう思ってる。

でも、小さな赤ちゃんを抱いたお客さんが来るときだけは一瞬《いっしゅん》——そう、ほんの一瞬だけ寂《さび》しそうな目をする。ボクにはそれがわかった。

ある日、小さな赤ちゃんを抱いたお客さんがやってきた。

「かわいい赤ちゃんですね」

声をかけて厨房《ちゅうぼう》に戻《もど》ってきた加奈さんは、オーダーのアイスコーヒーの準備をしながら、涙をポトリと落とした。

ボクにはわかった。加奈さんの切なさが……。あきらめたと口では言っても、心の中では、まだあきらめきれないんだ。

そして、いつまでも先に進めない自分を責める気持ちでいっぱいなんだ。

ボクは赤ちゃんを連れたお客さんの席まで行って、お客さんがよろこぶしぐさをたくさんして、楽しませてあげた。

最初は少しだけ怖《こわ》がっていた赤ちゃんも、ボクの耳を触《さわ》ったりしてよろこんでくれた。

「チョコ。ありがとう……。私、やっぱりまだダメみたい。ちゃんとわかってるんだけど、やっぱり赤ちゃんを見ると、心がギュッてなっちゃう……」

ボクは加奈さんの頬《ほほ》をなめた。

加奈さんの頬に流れる涙が、早くかわくように。

「ありがとう……チョコ」

加奈さんはボクを強く抱きながら、小さな声で泣きはじめた。

(泣かないで。ボクが加奈さんを大切にするから……。だから加奈さん、泣かないで)

ボクは、心の中で繰《く》り返していた。

その夜、圭介さんは加奈さんにやさしく言った。

「夫婦は、子どもからたくさんの思い出をもらう。楽しい思い出も、悲しい思い出も。その思い出から、たくさんのことを子どもから教わるんだろうね。僕たちには子どもがいないけど、ふたりでたくさんの思い出を作ろうよ。たくさんの人とつながって、たくさんのことを教えてもらって、たくさんの笑顔を作ろう。そうやってふたりで生きていこう」

加奈さんは大きな声で泣いた。

圭介さんは、加奈さんをやさしく抱きしめていた。

ボクは加奈さんの足元にそっと座った。

加奈さんは、こんなふうな悲しみの涙をたくさん流した。

2年ほど経《た》った頃から、加奈さんのあの一瞬の寂しそうな目がなくなった。

赤ちゃんを連れてくるお客さんにも、キチンとお話ができるようになってきたんだ。

そのときの加奈さんの笑顔は愛想笑いではなく、本当の笑顔だった。

「ママさん、お子さんはいらっしゃらないんですか?」

赤ちゃんを連れた若いお母さんにそう聞かれても、加奈さんは笑顔でこう答えていた。

「いますよ！　毛むくじゃらの元気な子が！　チョコっていうの。よろしくね」

そう言って、ボクを近くに呼ぶんだ。

お客さんは、少しおどろいた顔になるけど、すぐに笑顔でボクをなでてくれる。

ボクはシッポを思い切り振《ふ》って「よろしくね！」って、あいさつをする。

加奈さんは、誰《だれ》にも負けないくらい強くてやさしくなった。たくさんのお友だちに囲まれて、いつも笑顔だった。

もう、以前のようにひとりでこっそり泣くこともなくなった。

いつも誰かのために一生懸命《いっしょうけんめい》。そして、何をするにも一生懸命だった。

お店では新しいメニューに挑戦《ちょうせん》したり、お庭には小さなバラ園まで作った。

圭介さんは、ボクのために大きな車に買い換《か》えてくれた。

「これでチョコもいっしょに旅行に行けるぞ！　この広さなら車でも寝《ね》られるかな」

加奈さんは、本当に大きな車でおどろいていた。

お店がお休みの日は、圭介さんと加奈さんとボクと3人で、車に乗っていつも遠足に出かけた。春も夏も秋も冬も、ボクたちはどこにでも出かけていった。

そして、笑い疲《つか》れて帰ってくるんだ。

失敗もおどろきも、みんな笑顔に変えて帰ってくるんだ。


ある年の秋――。

冬も近づいた頃、加奈さんが「なんか具合が悪いの……」と言って寝込んでしまった。

ボクは心配した。あんなに元気だった加奈さんが、急に……。

ボクは加奈さんのとなりに座って、ずっと看病した。

加奈さんの具合が悪いって聞いたお客さんやお友だちから、たくさんのお見舞《みま》いメールが届いた。

あまりにたくさん携帯《けいたい》にメールが届くから、電話はブルブル、リンリンしっぱなし。

ボクは「静かにしてくれ！」って、ひとこと吠《ほ》えてみた。

でも吠えたってメールは勝手に届くからしかたないんだけど……。

「チョコ……大丈夫よ。きっと、すぐによくなるから」

加奈さんは、具合が悪いのに笑顔でボクに言ってくれた。本当につらそうだった。

圭介さんは元気にお店で接客していたけど、時間が空くたびに加奈さんのところに来て、「大丈夫か？」って声をかけていた。

お布団《ふとん》の中から、圭介さんの手を握《にぎ》り返して、「うん」って応《こた》える加奈さん。

それが精一杯《せいいっぱい》って感じだった……。

加奈さんが寝込んで3日目、圭介さんはお店のドアに「本日は都合によりお休みさせていただきます」と書いた紙を貼《は》った。

「チョコ。加奈を病院に連れていくから、留守番を頼《たの》んだよ」

圭介さんがボクの頭をなでながら言った。

病院が朝の9時からということで、8時30分くらいにふたりは出かけていった。

ふたりが出かけるとすぐに、ドアの外で何人かのお客さんが「あ〜、今日はお休みだってさ」と言いながら残念そうに帰っていく姿が見えた。

(たくさんの人にこのお店は愛されているんだなあ……)

ボクはあらためて、お店とふたりの人気を知ったような気がした。

朝いちばんに出かけていったのに、お昼になってもまだふたりは帰ってこない。

ボクは退屈《たいくつ》でしかたなかった。あくびが何度も何度も出て止まらない。

お客さんがいなきゃ、話し相手もいない。

加奈さんがいなきゃ、お手伝いをしてあげる人もいない。

圭介さんがいなきゃ、遊んでくれる人もいない。

秋の陽だまりの中で、ボクはついうとうとと眠《ねむ》ってしまった。

ふと、気づくと、もう3時。あんまり帰りが遅《おそ》いから、だんだん心配になってきた。

(加奈さん、まさか、重い病気なのかな……)

それからは加奈さんのことが心配で、ボクはただ部屋をウロウロするしかなかった。

夕方近くになって、ようやくふたりは帰ってきた。ドアの窓から、ボクはひと声吠えた。

「遅いよ!」

加奈さんは大きな紙袋をひとつ下げて、笑顔で車から降りてきた。

「チョコっ!」

加奈さんが大きな声で、ボクを呼んだ。ボクはおどろいた。あんなに具合が悪そうだった加奈さんが、笑顔で、そして大きな声でボクの名前を呼んでいる。

(あれっ? もう元気になったのかな……)

玄関《げんかん》のドアを開けて、加奈さんがゆっくりとボクのほうへ歩いてきた。

そして、強く、ゆったりとボクを抱きしめた。

「ごめんね。あんまりうれしくて、お買い物をしていたの。チョコ。ビックリしないで聞いてね。あのね……私、ママになるんだよ」

ボクはおどろいてしまった。

加奈さん、ママになるんだ。ずっとずっと心の奥《おく》で願っていた「ママ」になるんだ。

(すごいよ！　すごいすごい！　加奈さん、すごいよ！　よかったね!!)

でも、ボクはいつものように大きくジャンプをしてよろこびを伝えたかった。

でも、このときばかりは、それはできなかった。ボクは、加奈さんが泣いているのがわかったから。ボクの背中のあたりで、声もあげずに泣いているのがわかったから。

加奈さん、うれしいんだ。すごくすごくうれしいんだ。

そうだよね。加奈さん。悲しくて悲しくて、ずっとたくさんの涙を流してきたんだ。
うれしいときは、もっともっと泣いていいよ。
ボクもすごくうれしい。圭介さんも、少しだけ目が赤くなっていた。

加奈さん、おめでとう。本当によかったね。
加奈さんが持ってきた紙袋の中身が少しだけ見えた。
そこには、赤ちゃんのためのかわいいお洋服が入っていた。
すごくうれしいよ、加奈さん。ボク、お兄ちゃんになるんだね！

09

もふもふ

助けてくれて、ありがとう。

ボクたちは飼い主を選べない。
だから、ボクたちのしあわせは飼い主しだいだ。
つまりボクは、しあわせじゃなかった。
でもある日、ボクに小さな天使がやってきた……。

夏の暑い日も、冬の寒い日も、ずっと鎖《くさり》につながれたまま暮らしてきたボク。

ボクの一生はこのまま終わってしまうのかな？　——そう思って生きてきた。

小さい頃は家の中にいたけど、ある日、ボクは外の鎖につながれて、そのまま忘れ去られた……。

白かったカラダも、今では茶色くガチガチに固まっている。「おみず」と書かれたお皿には雨水が溜《た》まったままだ。思い出したように、ときどきそこに残飯《ざんぱん》が入る。

ボクが外で暮らすようになった頃、おとなりの家に赤ちゃんが生まれた。

元気な赤ちゃんで、よく大きな声で泣いていた。あれから、ずいぶん時間が経《た》った。

その赤ちゃんが、最近学校に通うようになった。

女の子は学校から帰ってくると、いつもボクのことをそっとのぞきに来る。

ある春の日。おだやかな日差しと青い空がまぶしい午後——玄関《げんかん》先で横になっていたボクのところへ、女の子は突然《とつぜん》やってきた。

「こんにちは。あたし、ちいっていうの」

ボクはおどろいた。いったいこの子は誰《だれ》にあいさつしているんだろう？　後ろを振《ふ》り向いてみたけど、誰もいない。女の子は、ボクに向けて話しかけていた。

ボクはむっくりと起き上がって、女の子を見つめた。

（なんだか泣き出しそうな目。ボクが怖《こわ》いのかな……）

すると、女の子はくるりと背中を向けて座った。

そしてそのままゆっくりと、ボクのほうへ、ずりずりとバックをはじめた。

「ちいは悪い人じゃないよ。なんにもしないからね」

そう言いながら、ゆっくりとボクのところへ近づいてきた。後ろ向きになってバックするというのは、怖いけどボクに近づくためのこの子の精一杯《せいいっぱい》の努力に見えた。ボクの鼻先までバックしてきた女の子は、少し緊張《きんちょう》しながら、ずっと背中をくっつけていた。

ボクはふがふがと女の子の匂《にお》いを嗅《か》いだ。せっけんのいい匂いがした。

「ね。ちいちゃん、こわいこと、なんにもしないでしょ。だからお友だちになろうね」

ちいちゃんはそう言って、少しだけ振り向いてにっこり笑った。

ボクはシッポを小さく振ってみた。すごくうれしかった。

ボクは次の日から、ちいちゃんがやってくるのを心待ちにした。

大きな声で「もふもふぅー」と言いながら、やってくるちいちゃん。

ボクは背中を向けて出迎《でむか》えた。ちいちゃんも背中を向けてズリズリとバックしてくる。

そして、背中と背中がくっつくと、ちいちゃんはうれしそうにクスクスと笑った。

ちいちゃんは、毎日ボクに会いに来てくれた。

ボクとちいちゃんは毎日たくさんのことをして遊んだ。

花で作った色水と泥《どろ》だんごのママゴト。サッカーもした。ちいちゃんがそっと蹴《け》ったボールを、ボクは鼻先で蹴り返す。

うまく続かなかったけど、ちいちゃんは楽しそうだった。

ちいちゃんは、たくさんのことをお話ししてくれた。学校のこと、パパのこと、ママのこと。パパもママもお仕事をしていて、学校から帰っても自分ひとりだということ。

ちいちゃんはママが帰ってくると「バイバイ。また明日ね」と言って帰っていった。

ボクは生まれて初めて、明日が来ることが楽しみに思えた。

汚《きたな》くて、くさくて、ガリガリのカラダ。茶色く固まった毛並み。

そんなボクを「お友だち」といって毎日遊びに来てくれるちいちゃん。ちいちゃんが来てくれると思うだけで、心がワクワクする。ボク、こんな気持ちは初めてだった。

夏が来て、暑い日が続く頃には、ちいちゃんはおいしいお水を花柄《はながら》の水筒《すいとう》に入れて持ってきてくれた。

いつも、茶色い雨水が溜まったままのボクのお皿……。

「こんなきたないお水、飲んだら病気になっちゃうよ。病気になったら、遊べなくなるでしょ？　だからもふもふ、きたないお水、飲んだらダメよ」

ちいちゃんのやさしさがうれしかった。ときどき、食パンの耳も持ってきてくれた。

「ママは、ぜんぶ食べなきゃダメって言うんだけど、ちい、ここキライなの」

そう言って、ボクにくれた。

(食パンの耳ってこんなにおいしいのに、なんで嫌《きら》いなの？)

ボクは首をかしげて、ちいちゃんに聞いてみたかった。

夏休みには、ちいちゃんはボクのところに絵を描きに来た。重そうな絵の具セットを肩《かた》から下げて、「よっこいしょ、よっこいしょ」って言いながら……。

高台にあるボクたちの家からは、町並みがよく見えた。

ちいちゃんはそれを一生懸命《いっしょうけんめい》描いていた。

「夏休みの宿題なの。もふもふ、じゃましちゃダメよ」

ちいちゃんは真剣《しんけん》。だけど画用紙に描かれた絵は、なんだか四角い箱がいっぱい描かれているだけに見えた。

その絵を描き終えると、ちいちゃんは次にボクの絵を描いてくれた。

「もふもふ、うごいちゃダメ！」

ちいちゃんがそう言うので、ボクは横になった。

できあがったボクの絵は、茶色いかたまりにしか見えなかった。

笑ってはいけないと思っても、あまりに面白くてボクのシッポが自然と揺《ゆ》れる。

でも、ちいちゃんが一生懸命にボクの絵を描いてくれた。

ボクはその絵を見て、〝ボクも生きていいんだね〟って気持ちになれた。

夏も終わり、秋が来て、やがて冬が近づいてきた。

夜と朝がとても寒くなったある日、ちいちゃんが泣きそうな顔でやってきた。

「あのね、ママがね、もふもふと遊んじゃダメって言うの。もふもふはきたないから、病気になるといけないからって……。どうしてそんなこと言うのかな？ もふもふは、ちいちゃんのいちばんのお友だちなのに……」

ちいちゃんは、そう言ってボクにぎゅっと抱《だ》きついた。

ちいちゃん……ママの言う通りだよ。だってボク、本当にくさいし、汚《よご》れてる。

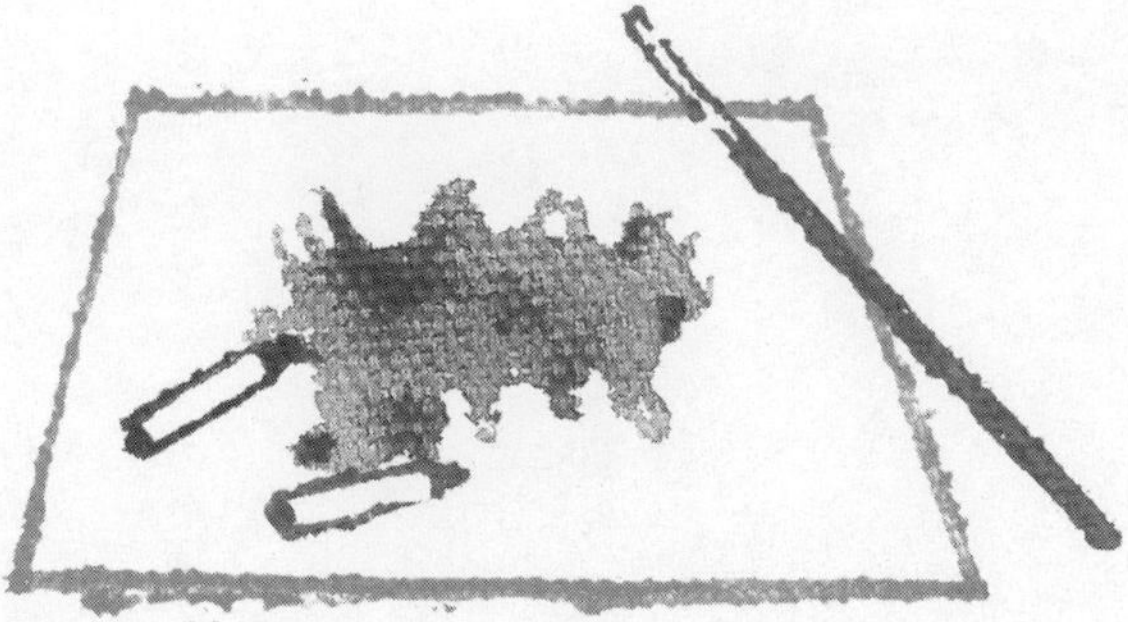

きっとママの言うように、病気になっているかもしれない。ママに言われる前に、ボクが大きく吠《ほ》えて、キミを追い返していたらよかったんだ……。

でも、できなかった。ちいちゃんがボクのところに来てくれなくなるのが怖かったんだ。

だから、ずっと、そのまままいっしょにいちゃった。ごめんね……。

「ちいちゃん、もうおうちにお帰り!」

ボクがちいちゃんに大きく吠えたそのときだった。めずらしく昼間に帰宅したボクの飼い主が、ちいちゃんとボクのようすを見て、おどろいたような顔をした。

おどろきの顔は、やがて怒《いか》りの顔になった。

スタスタと足早にボクに近づくと、ボクをいきなり蹴った。

あまりの痛みに、ボクは悲鳴をあげた。

ちいちゃんは、呆然《ぼうぜん》と立ち尽《つ》くしたまま動けなくなっていた。

ちいちゃんにまで暴力をふるったら、どうしよう。

ボクは、痛みをこらえて立ち上がった。

飼い主は、ボクに向かって怒鳴《どな》った。

「何してる！　子どもに噛《か》みつくつもりだったか！　このバカ犬がっ!!」

ボクは首輪をつかまれたまま何度もたたかれた。そして飼い主は最後にボクをもう一度蹴りあげると、玄関の中に入っていった。

蹴られたお腹《なか》がひどく痛んだ。あまりの痛みで、ボクはその場にうずくまった。

ちいちゃんは、おどろいたまま動けずにいた。

（ちいちゃん、ごめんよ。ボクは大丈夫《だいじょうぶ》だから、今日はもう帰ったほうがいい。ちいちゃん、怖い思いをさせてごめんね……）

ちいちゃんは、おどろきと恐怖《きょうふ》で顔をゆがめたまま、ゆっくりと後ずさりして、走って帰っていった。

ボクは、蹴られたお腹の痛みより、ちいちゃんにこんな怖い思いをさせたことが、とても心苦しかった。

ちいちゃん、さようなら。もうここへ来ちゃいけないよ……。

ちいちゃん、ごめんね。せっかくお友だちになれたのにね……。

次の日から、ちいちゃんは来なくなった。

学校から帰ってきても、ボクを見ることもなく家の中へ入っていく。

やっぱり悲しかった。とっても悲しかった。

あんなに怖いところを見たんだ。当たり前だ。ちいちゃんはもう、ここへは来ない。

また昔に戻《もど》った。ボクは、またひとりぼっちになった……。

毎日、寒い日が続いた。

本格的な冬が来た。ボクはこの冬を越《こ》す自信がなかった。気持ちもカラダも……。

そう思っていたある日、ちいちゃんのパパとママが大きな包みを抱《かか》えてボクの家へやってきた。

(どうしたんだろう？ まさかあのときの怖さで、ちいちゃんに何か起きたのかな……）

ちいちゃんのパパとママが出てくるまで心配で、ボクはずっと立ったまま玄関の扉《とびら》を見つめていた。

1時間ほど経って、ちいちゃんのパパとママが、飼い主にていねいにおじぎをしながら玄関を出てきた。

ちいちゃんのママは、立ち尽くしたままのボクのところに来てくれた。

そして、そっと手を伸《の》ばして、恐《おそ》るおそるボクの頭をなでた。

ボクは頭を下げてママの手を受け止めた。あったかい手だった。

（いったいどうしたんだろう……）

ボクは気が気じゃなかった。

だけど、そのあとすぐに、今度はちいちゃんとパパがボクのところにやってきた。

「もふもふ！　今日から、ちいちゃんちの犬だよ！」

（えっ？）

ボクは、なんのことか全然意味がわからなかった。

ちいちゃんの目を見て、ボクは首をかしげた。

「あのね、ちいちゃん、パパとママにお願いしたの。もふもふをちいちゃんちで飼いたいって。だって。らんぼうする人のところに、もふもふおいておけないもん。今日からもふもふとちいちゃんは、ずっといっしょだよ。パパもママも、みんないっしょ！」

そう言って、ちいちゃんはボクをギュッと抱きしめた。

ボクはもう、ひとりじゃないってことなの？

ボクはもう、蹴られたり、怒鳴られたりしなくてもいいの？

大好きなちいちゃんと、ずっとずっといっしょにいられるの？

そんなしあわせ、本当のことなの？

「さあ、もふもふ！　ちいちゃんちにお引っ越しだよ！　なんにもいらないからね。もふもふだけくればいいの！」

ボクはママに鎖をはずしてもらって、ちいちゃんと歩き出した。

久しぶりに見たちいちゃんのひまわりのような笑顔。それがボクに向けられてる。

「もふもふ。ひとりぼっちはさみしいよね。でも、もうだいじょうぶ。もふもふとちいちゃんは家族になったんだよ。これからはちいちゃんと、ずっといっしょにいようね」

ボクは、うれしくてうれしくてたまらなかった。

あんまりしあわせすぎて、全然動いてなかったボクのシッポはゆっくりと動きはじめて、そのうち、今まで振ったことがないくらいの速さで動きはじめた。

ボクは、初めてちいちゃんにキスをした。

それは、クリスマスイブの日だった。

ボクは今、あたたかい部屋の中で、外の景色を見ている。

ちいちゃんは、こたつに入ってボクの絵を描いていた。

「もふもふ、うごいちゃダメよ」

チラリとちいちゃんの絵を見ると、夏の頃よりずいぶんボクらしく描いてある。

そして絵に描かれたボクは、とってもしあわせそうに見えた。

寒くて震《ふる》えたこと。お腹がすいて倒《たお》れたこと。蹴られて痛かったこと……そういう悲しいことは、もうぜんぶなくなった。

パパがボクを抱きしめる。ママがボクをなでてくれる。

ちいちゃんが、ボクにたくさんのやさしさをくれる。

ボクはもう、ひとりぼっちじゃない。

ちいちゃん、ボクを助けてくれて、ありがとう。

これからは、ボクがちいちゃんを助けるからね。

10
ハル

春になったら、またお庭に花を。

あんなにしあわせだったあたしの家族。
だけど、パパが死んでから、すべてが変わった。
ママが心の病気になってしまったの。
あたしは、そんなママがとっても心配だった……。

あたしはゆきちゃんの1歳の誕生日に、この家にやってきた。

出張が多くて留守がちのパパが、ママとゆきちゃんが寂《さび》しくないようにって、シーズーのあたしを飼うことに決めたの。

ママとゆきちゃんに初めて会ったとき、ママは大きく目を見開いておどろいてた。

そして、あたしをギュッと抱《だ》きしめながら、「よろしくね」ってニコニコ笑ってた。

ゆきちゃんは、「なんだろう?」っていう目であたしを見てたけど、ママがあたしを抱っこすると、ゆきちゃんは安心したようにあたしに手を伸《の》ばした。

あたしは、ゆきちゃんのぷくぷくした手に、鼻をくっつけてごあいさつ。

ゆきちゃんがケラケラ笑うと、その笑顔でパパもママも笑った。

パパとママは相談して、あたしに「ハル」っていう名前をつけてくれた。冬に生まれたゆきちゃんが、ずっと春のようなあたたかい風に包まれますように、って——。

「季節に囲まれてしあわせね」

ママはそう言ってた。

ゆきちゃんは、まだ上手《じょうず》に言葉も話せないくらい小さかった。歩くのもまだ上手じゃなかったけど、ゆきちゃんはテレビから歌が流れてくると、手をたたきながらくるくる回って踊《おど》る。回りすぎて、くらくらして尻《しり》もちをついたりしてた。

ゆきちゃんのその楽しそうな姿を見て、ママも楽しそうに笑う。

あたしは、ゆきちゃんもママも、そしてパパも大好きだった。

家の裏には、芝生《しばふ》がとってもきれいなお庭がある。

ママがていねいに育てたお花は、お庭を囲むように咲いてた。

あたしとゆきちゃんは、晴れた日にはそのお庭でいっぱい遊んだ。

お昼は芝生の上にシートを広げて、ゆきちゃんは大好きなメロンパンを食べた。

そのあとは、ゆきちゃんのお昼寝《ひるね》。ママは人差し指をお口に当てて、あたしに「しーずかにね」って言う。そして、にっこり笑うの。

ゆきちゃんがお昼寝から起きて、お日さまが傾《かたむ》きはじめると、ママはお庭に水まきをする。ホースをいっぱい伸ばして、お花や芝生にていねいにお水をまく。

勢いよく出てくるシャワーのようなお水は、お日さまに輝《かがや》いて虹《にじ》を作るの。

ゆきちゃんとあたしはその虹をつかまえようとして、はしゃぎながら飛びまわる。

それは、ゆきちゃんとあたしの、お気に入りの遊びだった。

だけど、そんなしあわせだった毎日が、突然《とつぜん》消え去った——。

ゆきちゃんが2歳をすぎた春、パパが交通事故で亡くなってしまったの……。

ゆきちゃんはまだ小さくて、パパが死んだことがわからなかったみたい。

お葬式《そうしき》のときも、ゆきちゃんは笑顔で遊んでた。

「死んじゃったなんて、ウソよね……」

あたしの頭をなでながら、ママは涙《なみだ》を流してた。

毎日まいにち、パパの帰りを待つママ。そんなママのことを心配して、おばあちゃんが毎日あたしたちの家にようすを見に来てくれるようになった。

ママは、いつしか、じっと考え込むような時間が増えていった。

そして、いつもピリピリとしたようすで何かに怒《おこ》ってた。

ゆきちゃんとごはんを食べていても、うまく食べられないゆきちゃんを見て「どうして、ちゃんとできないの？」と言って、ごはんを取り上げたりもした。

やがて、ママは別人のようになってしまった——。

食べ終わったお皿を洗っていたママが、急にお皿をたたきつけた。お皿が割れる大きな音におどろいたゆきちゃんが泣きはじめると、ママが耳をふさいで怒鳴《どな》った。

「うるさい！」

その大きな怒鳴り声で、ゆきちゃんの泣き声はさらに大きくなった。

「もう、イヤ！　なんでこんなことになっちゃったの！」

ママは吐《は》き捨《す》てるようにそう言うと、それきり部屋にこもってしまった。

それまで黙《だま》って見ていたおばあちゃんが、泣いているゆきちゃんを抱きしめた。

「ゆきちゃん……ごめんね。ママはゆきちゃんを怒っているんじゃないからね……」

おばあちゃんはゆきちゃんをやさしく、いつまでも抱きしめてた。そしてそのうち、ゆきちゃんは泣《な》き疲《つか》れて眠《ねむ》ってしまう——それがこの頃の、いつもの光景だった。

おばあちゃんは、あたしの頭をなでながら言った。

「ハルちゃん……人はね、不安になると、どうしていいのかわからなくなって、怒り出すことがあるの。ハルちゃんもおどろいたでしょう。時間がかかるかもしれないけど、いつかきっと、笑顔のママに戻《もど》るからね。それまで待っててあげてね……」

おばあちゃんもゆきちゃんも、ママが以前のママに戻ることを信じて待ってる。

(おばあちゃんも、ゆきちゃんも、とっても大変なんだ……)

でも、いちばん大変なのはママなんだってことも、あたしはなんとなくわかってきた。

ママは、そのうち怒りだすことがなくなった。

だけど今度は、毎日ぼんやりと過ごすようになった。何にも手につかないようすで、ただぼんやりとソファーに座ってた。

ママは黙って座ってたかと思うと、突然泣き出したりもした。

そんなとき、ゆきちゃんは泣いているママのとなりに行って、大切にしているクマのぬいぐるみをそっと置いてあげてた。

ママは、大好きだったお庭にも出なくなった。芝生の水まきもなくなった。

あんなにきれいに咲いていたお花たちも、広い芝生も枯《か》れてしまった。

ママから笑顔が消えたように、お庭からも色が消え去った。

長い長い時間、そんな生活が続いた……。


おばあちゃんはママと相談して、ゆきちゃんを保育園に通わせることにした。

保育園に行けば、ゆきちゃんにも新しいお友だちができる。だけど、いちばんの理由は、ママをゆっくりさせる時間が必要だってことだった。

昼間、おばあちゃんもゆきちゃんもいなくなった家で、ママは相変わらずぼんやりと過ごしてた。ベッドから出ることもなく、ときどき静かに涙を流して……。

あたしはママのじゃまにならないように、そっと見守ることしかできなかった。

ママのベッドに行って、となりでそっと横になる。

食べることも、眠ることもしなくなったママはぬけがらのようだった。

やさしく輝いていたママの目には、何も映ってなかった……。

だけど、保育園に行くようになったゆきちゃんは、どんどん明るくなっていった。

言葉の数も増えた。昔のように、またケラケラと笑うようにもなった。

おばあちゃんが来られない日は、あたしのお世話もしてくれる。

あたしのお皿にお水を入れるとき、ゆきちゃんは「よっこいちょ！　よっこいちょ！」って言いながら、近くのイスを運んでくる。そのイスに乗って、蛇口《じゃぐち》からお水を出すの。

ゆきちゃんが笑顔でいてくれることで、あたしもずいぶん気持ちが明るくなった。

おばあちゃんが来ない日のゆきちゃんの晩ごはんはメロンパン。
大好きなメロンパンをゆきちゃんはひとりで食べる。
あたしはゆきちゃんがこぼしたりしたときのために、いつも横で見張っている。
こぼしたパンは、あたしが片付け係だったから。
ゆきちゃんは半分食べると、いつも残りのメロンパンを袋《ふくろ》にしまった。
「ハル。これは、ママのぶんだからね。食べちゃダメよ」
そう言いながら、テーブルに残りのメロンパンを置く。
「つぎは、ちゃんとパジャマにおきがえして……歯もごしごししなくちゃ」
ゆきちゃんはあたしにそう言いながら、おやすみの準備をはじめる。
そして、ママのベッドにそっともぐりこむ。
ママの頭をやさしくなでて「ママ、早くよくなるといーね」と言って、眠りにつくの。

ママはゆきちゃんが眠ると、重たそうに身体を起こしてくる。

そしてテーブルの上のメロンパンを見て、ママはつっぷして泣きはじめる。

あたしはママのとなりで、ママの悲しみを感じてた。

ママの悲しみのほんの少しだけでも、あたしが代わってあげられたらいいのに
――そう思いながら……。

ある日、ゆきちゃんが「ひらがな」のお勉強をはじめた。保育園の先生からもらってきた大きな「ひらがな一覧表」を、おばあちゃんに頼《たの》んで壁《かべ》に貼《は》ってもらった。

おばあちゃんが来る日は、いっしょにひらがなのお勉強がはじまるの。

お絵かき帳はいつの間にか、ゆきちゃんのひらがなでいっぱいになった。

「ゆきちゃん、ひらがなが上手に書けるようになったねえ」

おばあちゃんが、お絵かき帳を見ながら言った。

「おばあちゃん、あたしね、サンタさんにお手紙書くの。だから、いっしょうけ

んめい、れんしゅうしたの」

「そうだね。もうすぐクリスマスだもんね」

「うん！　でもね、サンタさんは、ちゃんといい子にしているところにしか来てくれないんだって。だから、ゆきはいい子にするんだ！　ハルもいい子にしてないとダメよ」

ゆきちゃんは、ニコニコと笑いながらあたしの頭をなでてくれた。

ゆきちゃんはクリスマスが近づくにつれて、いつも以上に笑顔で過ごすようになった。

ゆきちゃんは、おばあちゃんに用意してもらった便箋《びんせん》にお手紙を書いた。

そして、そのお手紙を、折り紙で作った封筒《ふうとう》に入れた。

「サンタさんにお手紙書いたから、おばあちゃん、ゆうびんしてね」

そう言って、保育園に行く朝、おばあちゃんに手紙を手わたした。

「わかったよ。ちゃんとサンタさんに届けておくからね」

「おばあちゃん、おねがいよ！　じゃあ、行ってきまあす！」

ゆきちゃんは元気よく保育園バスに乗り込んだ。

おばあちゃんは、その手紙をテーブルに置いて、しばらく見つめていた。

やがてお昼もすぎた頃、やっと手紙をママに手わたした。

ママはベッドからゆっくりと起き上がって、その手紙を読みはじめた。

『さんたさん
おもちゃは　いっこもいらないです
ままが　げんきになる　おくすりをください
どうか　おねがいします』

つたない字が並んでた。ママは手紙を読んで、肩《かた》を震《ふる》わせて涙を流した。

おばあちゃんも泣いてた。

涙が涸《か》れたあと、ママは立ち上がった。細くなった指にはめてあったパパとの結婚指輪をくるくる回しながら、ママはつぶやくように言った。

「私がしっかりしなくちゃダメよね……。こんなことしてちゃ、パパに怒られちゃう……」

「そうよ……。私もハルちゃんもついてるよ……」

おばあちゃんが、ママをしっかりと抱きしめた。

「ぼんやりしている間に、ゆきがこんなに大きくなっちゃった。置いていかれないようにがんばらないとね……」

ママの目に、ようやくやさしい輝きが戻った。

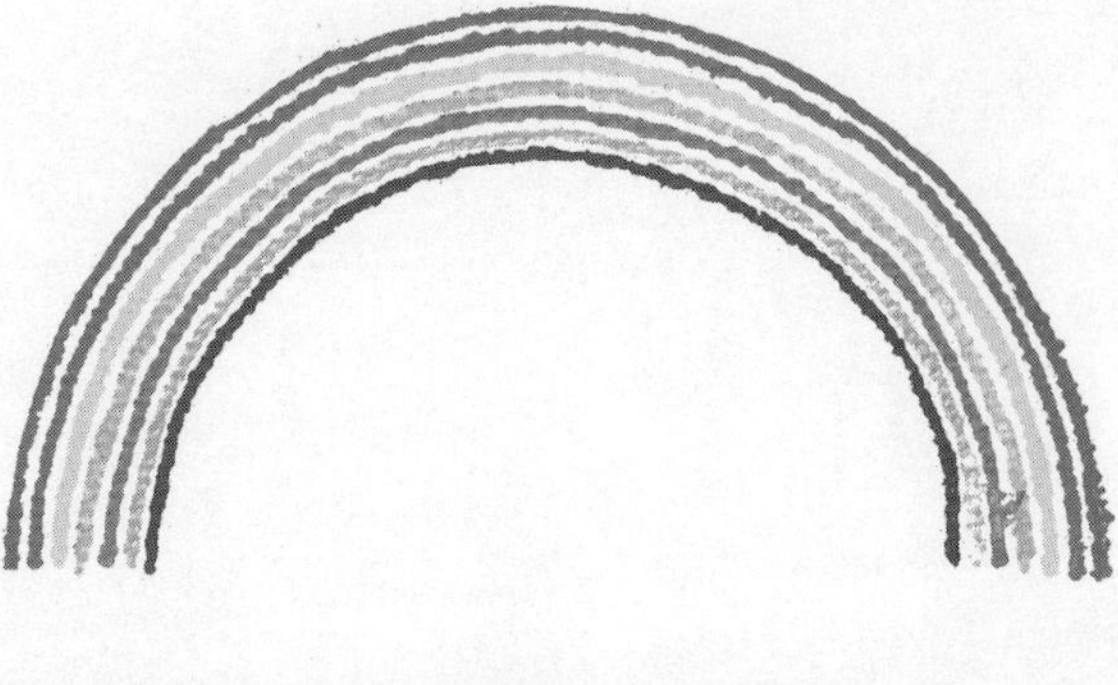

ママ、春になったら、またお庭に花を咲かせてね。
あたし、ゆきちゃんといっしょに、またあの虹を追いかけたいの。

11
チビ

よかったね……山本さん。

大工の山本さんは、事故で仕事を辞めてしまった。
山本さんは、それきり生きる気力を失《な》くした。
ボクは、そばにいることしかできなかったけれど、
ある素敵な出会いが、山本さんをまた元気にしたんだ。

ボクの飼い主は、山本さん。家を造る仕事、大工さんをしている。

朝から晩まで汗水《あせみず》流して働いたあと、地図に新しい家が書き込まれると、すごくうれしいんだ、って言ってた。

山本さんには家族がいない。ボクとふたり暮らしだ。山本さんはボクを「チビ」って呼ぶ。仕事でどんなに疲《つか》れて帰ってきても、ボクといっしょに散歩に出かけてくれた。

「チビ、行くで！」って。

散歩が終わると、ふたりで夕食。山本さんの夕食は、いつもビールとおつまみだけ。

ボクは自分のご飯が終わると、そのおつまみを少々いただく。

る。

ボクの大好物はちくわ。できるなら、いつかは丸ごと1本食べたいと思っている。

山本さんは野球が大好きだ。テレビで野球がはじまると、メガホン片手に本気で応援《おうえん》している。そしてテレビを観ながら、ボクに野球のルールを教えてくれたりする。

ボクはビールを飲みながらメガホンを振《ふ》りまわす山本さんを見ているだけで楽しかった。

よろこんだり落ち込んだり……。野球を観ている山本さんは、まるでジェットコースターみたいなんだ。

ボクの家の近くには、大きな学校がある。

朝と夕方、その学校の生徒さんたちがぞろぞろと歩いていく。

ボクはこの登下校の時間がとても好きだった。たくさんの生徒さんが、ボクにあいさつしてくれたり、頭をなでていってくれるから。ボクの毎日は、とってもしあわせだった。

ある日の夕方、ボクはいつものように生徒さんたちの下校をながめていた。

ひとりの男の子が、本を読みながら歩いていた。

(危ないなぁ……)

そう思ったちょうどそのとき、男の子が道につまずいて転んでしまった。

(ほら、やっぱり……)

男の子は立ち上がりながら、ボクのほうを見た。目が合ったボクは、バツが悪くて目をそらしてしまった。「ワン！(大丈夫《だいじょうぶ》？)」って、声をかけてあげたらよかったかな？

そう思ったけど、男の子は、そのまま走って行ってしまった。

山本さんの帰りが遅《おそ》い。そう思いはじめた頃、家の前に1台のトラックが停まった。

トラックから降りてきたのは、山本さんの仕事仲間の吉田さんだった。

「山本さん、仕事中に足場から落ちてな。さっき病院に運ばれたんや。少し入院しなくちゃならんから、しばらくチビはひとりで留守番やで」

吉田さんは、ボクのお皿にドッグフードを山盛りにすると、すぐにまた行ってしまった。

ボクは何が起きたのかよくわからなくて、口を開けたままトラックを見送った。

その日からしばらく、ボクはひとりで留守番をした。ずいぶん長い間ひとりでいたような気がする。山本さんがいなくて、ボクは毎日退屈《たいくつ》だった。

あの日、道で転んだ男の子は、毎日、ボクをチラチラと見て帰る。

気になってボクもじっと見る。山本さんみたいに色が黒くて、がっしりとした体つきの男の子だった。

2週間ほどして、ようやく山本さんが家に帰ってきた。

でも帰ってきた山本さんは、事故が原因で足が少し不自由になってしまっていた。

以前のように歩くことができなくなった山本さんは、仕事も辞めることになった。

山本さんの毎日から、大好きなビールも野球も、そして笑顔も消えてしまった……。

夜になると、ときどき山本さんはこっそり泣いていた。ボクに気づかれないように、布団《ふとん》の中に入って……。でも、ボクにはわかった。山本さんが悲しくて悲しくてどうしようもないことが。涙《なみだ》が止まらないくらい悲しいことが……。

ボクはただ、黙《だま》って山本さんのとなりにいることしかできなかった。

山本さんはそれから毎日、縁側《えんがわ》でぼんやりと時間を過ごしている。

でも山本さんの身体が不自由になってから、近所のおじさんやおばさん、いっしょに働いていた吉田さん、そして他の大工さんたちが、毎日のように山本さんのところにお見舞《みま》いに来てくれた。

「おかず、えらい作りすぎてもうてな」

「これ、買ってきたで」

みんなそう言いながら、山本さんに差し入れを持ってきてくれた。

もちろんみんな、ボクのこともかわいがってくれた。

帰っていくみんなを見送るとき、山本さんはいつも目を真っ赤にしていた。

そして、口癖《くちぐせ》のようにつぶやくんだ。「友だちは何にもまさる宝物やなァ」って。

ボクだけが何もしてあげられない。山本さん……ごめんね。

そんなある日、いつものように縁側でぼんやりと時間を過ごしていた山本さんに、ひとりの高校生が声をかけてきた。道で転んだ、あの男の子だった。

「なあ、おっちゃん。おっちゃんの犬といっしょに散歩してきてええか？」

山本さんは、とまどっていた。

「お、おぉう。すまねえな」

「うん。僕、犬が好きやねん。せやから、仲良くなりたいんや。あ、僕、圭太《けいた》って言います。近くの高校に通っててんねん」

山本さんと、圭太くんの出会いだった。

その日から学校帰りの圭太くんが、ボクの散歩をしてくれるようになった。ボクといっしょに歩いている圭太くんを見て、近所のおじさんやおばさんが「チビ、よかったなぁ」って声をかけてくれる。

圭太くんは、そのたびに「僕、圭太です。そこの高校に通ってます」って、あいさつしていた。

はじめは会話もぎこちなかった山本さんと圭太くんだった。

でもそのうち、縁側に座りながら、少しずつ話をするようになった。

部屋にぶら下がっている野球のメガホンを見つけた圭太くんが聞いた。

「おっちゃん、野球、好きなん?」

この言葉をきっかけに、ふたりはどんどん仲良くなっていった。

久しぶりに野球の話をする山本さんの目が輝《かがや》いていた。

山本さんは、圭太くんを息子のようにかわいがるようになった。

近所のみんなも、山本さんの友だちも、みんな圭太くんをかわいがった。

圭太くんがいるだけで、なぜかみんな笑顔になるんだ。

圭太くんは学校が休みの日にも来てくれた。昼から来るときもあれば、夕方、ボクの散歩のためだけに来てくれることもあった。

「なあ、おっちゃん。チビの小屋、ボロボロやから新しいの作ってやりたいんや。大工の仕事、教えてんか？」

圭太くんのこの言葉に、山本さんは飛び上がるくらい大よろこびをした。

「よっしゃ、ほな教えたろか！」

腕《うで》まくりをする山本さん。そんな元気な山本さんを見て、ボクもうれしくなった。

圭太くんはそんなボクらを見て、ニコニコと笑っていた。

次の日、山本さんは吉田さんに頼《たの》んで、使わなくなった木材を譲《ゆず》ってもらった。

「すまねえな。ありがとよ」

「なあに、遠慮《えんりょ》せんと、足《た》りんかったらいつでも言ってや！」

そう言って吉田さんは笑顔で帰っていった。

「友だちは何にもまさる宝物やなァ」

いつものようにつぶやきながら、ボクの頭をグシャグシャと力強くなでた。

ボクはシッポをブンブン振ってこたえた。

その週末から、ボクの小屋作りがはじまった。

「そんなとこ持ってたら、指、ケガするで」

「ちゃうちゃう、そやない。こうするんや」

山本さんは圭太くんにていねいに教えていた。ノコギリの引き方、クギの打ち方。

言葉はきびしかったけど、目はいつもニコニコと笑っていた。

そして、山本さんの毎日のビールもまたはじまった。うれしいと身体もよく動くようで、ぎこちないながらも歩いて買い物に出たり、食事を作ることもできるようになった。

野球の観戦にも笑顔が戻《もど》った。「次はストレートやで」なんて言いながら、メガホンを振りながらワクワクしている山本さん。

この頃から、山本さんは泣かなくなった。布団に入ってもすぐに眠《ねむ》ってしまうくらい、毎日が楽しくてしかたない感じだった。

週末ごとに、だんだんカタチになっていくボクの小屋。それを見て、満足そうにほほえむ山本さん。圭太くんは両手にマメをつくりながら、一生懸命《いっしょうけんめい》がんばっていた。

その日、圭太くんは散歩の途中《とちゅう》、ボクにこう言った。

「そういえば、もうすぐおっちゃんの誕生日やな。チビ、なんかサプライズしよか！」

圭太くんの目が輝いていた。

散歩から帰ると、圭太くんはさっそくアイデアを練《ね》りはじめた。そして、協力してくれそうな山本さんの友だちや、近所のおじさんやおばさんにも相談をはじめた。

（ボクは何をしたらいいんだろう？）

圭太くんは、ボクの頭をやさしくなでながら言った。

「チビはいつも通りにしてたらええんや。チビは特別な存在やからな」

また、ボクは山本さんのために何もできないのか……。少しだけ、ボクは寂《さび》しくなった。


1週間後――。山本さんの誕生日が来た。

朝から落ち着かないボク。いったい何がはじまるんだろう？　とってもワクワクした。

ボクは浮かれすぎて、山本さんに気づかれないようにするのが大変だった。

昼前に、打ち合わせ通り吉田さんがやってきた。

「山本さん、ちょっとだけ現場に顔出してくれねえかなぁ。やっぱり、山本さんに仕上げを見てもらわねえとよ」

山本さんは、「しかたねぇなぁ」ってつぶやきながら、出かけていった。

そのようすを見ていたみんなが家に集まってきた。山本さんの大好物のお料理、そしてたくさんのビールが冷蔵庫に入れられた。圭太くんは、壁《かべ》に横断幕《おうだんまく》を張っていた。

『おっちゃん。誕生日、おめでとう！』

テーブルの上には、空き地に咲《さ》いていた白いマーガレットが飾られた。

準備完了。

みんな、山本さんが帰ってくるのを心待ちにした。

玄関《げんかん》先でトラックのエンジン音が止まる音がして、山本さんが部屋に戻ってきた。

「山本さん！　お誕生日おめでとう！」

みんなが大きな声と拍手《はくしゅ》で迎《むか》えた。

山本さんは、一瞬《いっしゅん》、何が起きたんだ？　って顔をしたけれど、すぐにわかったみたいだった。山本さんの顔がだんだんゆがんできた。目からたくさんの涙が流れてきた。

「みんなありがとう。ホンマにありがとう。俺《おれ》、身体がこんなんなってから、ずっとつらかったんや。仕事もようできん俺なんか、死んだほうがええんちゃうかなって……。こんなうれしいことがあるなんて思ってもみんかった。みんなありがとう。生きててよかった。みんな、ホンマにありがとう……」

　山本さんが顔をぐちゃぐちゃにして泣いていた。

　みんなの目からも涙があふれていた。

「おっちゃん。まだまだ僕に大工のこといろいろ教えてんか？　これからもよろ

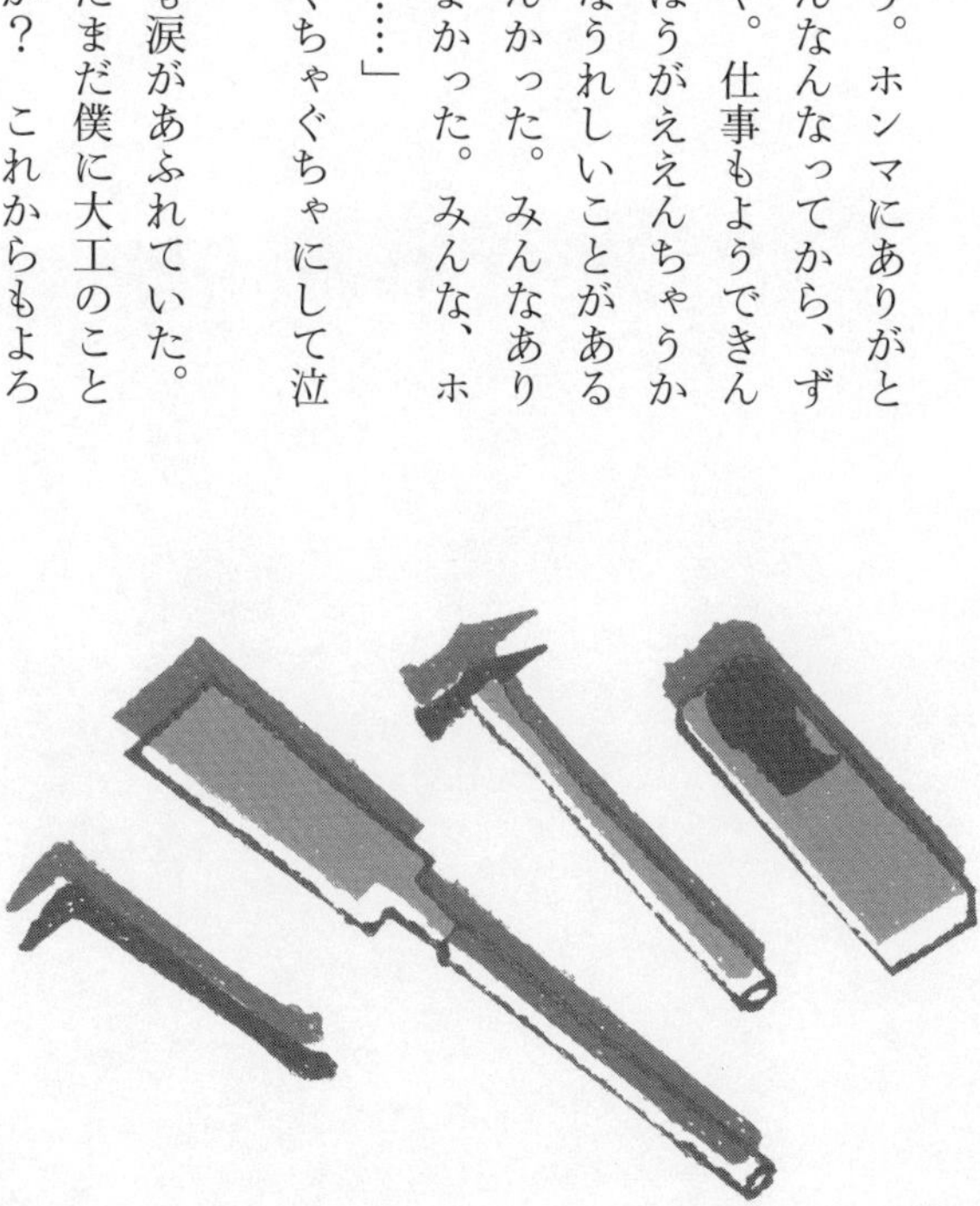

しくやで」

圭太くんのやさしい言葉。

山本さんは、圭太くんの手を握《にぎ》りしめながら、ずっとずっと泣いていた。

よかったね……山本さん。

12

ユウ

アタシ、忘れない。

仲良しだったおじいちゃんとおばあちゃん。
おばあちゃんが亡くなってから、おじいちゃんと
ふたりで暮らしてきたけれど……おじいちゃん、ごめん。
アタシが先におばあちゃんのところに行くね……。

アタシがこの家に来たのは、11年前。

お友だちの家で生まれたアタシを、おばあちゃんがもらってくれた。

アタシを抱《だ》き上げてくれたときの、おばあちゃんの手はすごくあたたかかった。

アタシを抱いて帰ってきたおばあちゃんを見て、おじいちゃんはおどろいた顔をしてた。

「まーた、そんなもんもらってきて」

おじいちゃんは、そう言って怒《おこ》った顔をしてたけど、おばあちゃんはニコニコ顔。

おばあちゃんのその顔を見ると、おじいちゃんは、もう何も言えなくなる。

おじいちゃんとおばあちゃんは、すごく仲良し。おじいちゃんは年をとって、身体がうまく動かない。それでも裏庭の畑で、おじいちゃんはいろんな野菜を育ててた。

庭に野菜の花が咲《さ》くと、おじいちゃんは「ほれ」ってそっけなく言いながら、おばあちゃんにプレゼントする。

「ぶっきらぼうだけど、とってもやさしいのよ」

おばあちゃんは、そんなふうにおじいちゃんのことを言ってた。

おじいちゃんは何かあると、すぐに「おーい、ばあさん！」って、おばあちゃんのことを呼ぶ。そのたびに、おばあちゃんは「はいはい、なんですか？」って、そばに行ってた。

そんな仲良しのふたりと暮らせて、アタシは毎日がとてもしあわせだった。

おじいちゃんとおばあちゃん、そしてアタシが3人で暮らしたのは、たった5年だった。

おばあちゃんが、突然《とつぜん》死んでしまったから……。

朝になってもなかなか起きてこなくて、アタシはおばあちゃんを起こしに部屋に行った。

そしたら、もうおばあちゃんは冷たくなってた。

おばあちゃんのお葬式《そうしき》には、大好きだったお花がたくさん飾《かざ》られた。

アタシは、おばあちゃんがいなくなったことがとても寂《さび》しかった。

もうおばあちゃんに会えないと思うと、胸がはりさけそうだった。おばあちゃんが死んじゃったのに、おじいちゃんは、お葬式の間じゅう忙しそうにしてた。

だからアタシ、ずっと「なんでだろう?」って思ってた。

お葬式が終わって、たくさんの人たちが帰っていった。

あんなに騒《さわ》がしかった家の中が、急に静かになった。おじいちゃん、すごく疲《つか》れた顔をしてた。おばあちゃんの写真の前に座ったまま、ずっとおばあちゃんの顔を見てた。

おじいちゃんがいつまで経《た》っても動かないから、「どうしたんだろ?」って思ったら、おじいちゃんが泣いてた。背中が小さく震《ふる》えてた……。おばあちゃんのお骨《こつ》を胸に抱いたら、おじいちゃん、大きな声で泣きはじめた。アタシ、全然わかってなかった。おじいちゃんの気持ち。おじいちゃん、ずっとおばあちゃんとふたりきりになりたかったんだな、ってこと。

ふたりきりになって、そして、いつもみたいに話したかったんだな、ってこと。おじいちゃんの涙《なみだ》を見たのは、それが初めてだった。

アタシ、おじいちゃんのあの涙を忘れない……。

おじいちゃんはアタシのことを「ばあさんの忘れ形見《がたみ》」って言って、大事にしてくれた。

おじいちゃんは「ばあさん!」って呼ぶ代わりに、今度は「ユウー! ユウー!」ってアタシのことを呼ぶようになった。

だから、アタシはおばあちゃんの代わりに、おじいちゃんのそばに飛んでいくの。

おじいちゃん、少し不自由な手で、アタシのおでこをなでてくれた。おじいちゃんの手も、おばあちゃんの手と同じで、すごくあたたかかった。

おじいちゃんは、おばあちゃんのために、毎日ご飯を炊《た》いた。

朝、炊き上がったご飯を、いちばん最初におばあちゃんの写真の前に置くの。

そして、手を合わせる。おじいちゃん、毎朝、何を報告してるんだろう？

そのとき、アタシもおじいちゃんのとなりに座って、おばあちゃんの写真を見る。おばあちゃん。おじいちゃん、今でもおばあちゃんのことを大切にしてくれてるよ。よかったね。

それから、おじいちゃんは毎日、アタシを散歩に連れてってくれる。

だけど、おじいちゃんはうまく動けないから歩幅《ほはば》がすごく小さい。ちょこちょこと歩く。

アタシはおじいちゃんのその歩幅に合わせて、立ち止まりながら歩く。

暑い日も寒い日も、おじいちゃんはアタシと散歩に行ってくれた。こんな雨の日は行かなくてもいいよって、アタシが散歩に行くのを嫌《いや》がっても、おじいちゃんはかならず散歩に行ってくれるの。ふたりでずぶ濡《ぬ》れになりながら、ちょこちょこと。

おじいちゃん、毎日ホントにありがとね。

おばあちゃんが死んでから、おじいちゃんは裏庭の畑をやめちゃった。

「野菜作ったって、よろこぶ人がいなきゃな」って。

畑をしていた頃、アタシはよく勝手に穴を掘《ほ》っておじいちゃんに怒られたっけ。

でも、おばあちゃんはそれを面白がって笑ってた。おじいちゃんに怒られるのは怖《こわ》かったけど、おばあちゃんが笑うから、アタシはときどき穴を掘ってた。

あんなに怒ってたおじいちゃんなのに、今では「好きなだけ掘っていいぞ」って言う。

おじいちゃん、アタシだって同じよ。穴を掘ったって、よろこぶ人がいなきゃ……。

でも、もしかして、アタシが穴を掘ったら、おばあちゃん、笑って見ていてくれるかも。

アタシ、そんな気がしてきて、穴を掘ることにしたの。

あちこち穴を掘るアタシを見て、おじいちゃんは笑った。なんだかすごくうれしかった。ぶっきらぼうなおじいちゃんが笑うの、おばあちゃんもきっとうれしかったんだろうな。

アタシがいつものように裏庭で穴を掘ってたら、おじいちゃん、思い出したように何かを取り出してきた。茶色くて、お芋《いも》みたいなもの。

「ユウ。球根だ」

おじいちゃんは、アタシが掘った穴に、その球根をひとつ入れて土をかけた。

「ユウ、どんどん掘ってくれ」

アタシ、それが何になるのか全然わからなかった。でも、おじいちゃんが掘っていいよって言うから、どんどん掘った。

その穴に、おじいちゃんはひとつひとつ球根を入れていった。

どこに植えたかひと目でわかるように、その横に割《わ》り箸《ばし》を立てながら。1日に5個くらいずつ、そんなことを続けた。

冬が来て、春が来て、アタシはびっくりした。

アタシが掘った穴から、お花が咲いた。黄色や赤やピンクのお花が！

「どうだ、ユウ。おまえの掘った穴からチューリップが咲いたぞ」

おじいちゃんはそう言いながら、ニコッと笑った。

それから、おじいちゃんはハサミを持ってきて、ひとつひとつていねいに切って、おばあちゃんの写真の横に飾った。

「ユウ。ばあさん、よろこんでるかな？」

アタシは、ゆっくりシッポを振《ふ》って応《こた》えた。そうだね。おじいちゃん。このお花、おじいちゃんとアタシで育てたんだから、きっとおばあちゃん、すごくよろこんでるよ。

……おばあちゃん、すごいね。おじいちゃん、おばあちゃんのことばっかり考えてるんだよ。おばあちゃん、しあわせだね……。

そんなある日、おじいちゃんがめずらしく出かけていった。

帰ってきたおじいちゃんの手には種があった。

いろんな花の種を、おじいちゃんがいっぱい買ってきたの。

誘《さそ》ってくれたら、いっしょに行ったのに……。アタシは、ちょっとだけふてくされた。


次の日から、さっそくふたりの種まきがはじまった。アタシが穴を掘って、おじいちゃんが種をまいていく。

チューリップのときみたいに1日に穴を5個くらい。おじいちゃんとアタシは続けた。

球根と違って、種はすぐに大きくなっていった。

すごかった。アタシが掘った穴の数だけお花が咲いた。

そして、お庭がついにお花でいっぱいになった。

毎日少しずつ種を植えたから、少しずつお花が咲いていく。
「ばあさん、これ見たら、きっと涙流してよろこんだろうな……」
おじいちゃん。そうだね、おばあちゃん感激して、きっと涙を流しただろうね。
おじいちゃんの想いが、おばあちゃんに届くといいな。アタシはそう思った。
こうやって、おじいちゃんとアタシはお花を育て続けた。
花が咲くのを楽しみに待っていると、季節はあっという間にすぎていく。
おじいちゃんはお花を育てることで、おばあちゃんへの気持ちを届け続けた。

春の種選びは、アタシもいっしょにお供《とも》するようになった。
その年その年で、毎年違うお花を植えた。色も形も違うお花を。
でも、たったひとつだけ毎年同じ花の種を買った。
それは、コスモスの花。おばあちゃんが大好きだったお花。
おじいちゃん、その花がコスモスっていうの、おばあちゃんが死んでから知ったって。

そう言って、苦笑いしてた。

「じいちゃんな、ばあさんのこと知らんことばっかりだ。好きな花の名前も知らんかった。食べ物だってそうだ。たまには、ばあさんの好きなものでもあげてやりたいけど、それが何なのかわからん。何年経っても、ばあさんのこと、どうしていいかわからん。急にいなくなって初めてわかった。なんで生きてるうちに言わんかったかな。そばにいてくれて、ありがとうって……。ユウ、ユウには言っておくぞ。ありがとうな……」

おじいちゃん。そばにいてもらってありがたいのはアタシのほうだよ。もらわれてきた犬だったのに、こうやって、おじいちゃんがいっしょにいてくれるから、アタシ、とってもしあわせなんだ。

それに、おじいちゃんの気持ち、おばあちゃんにはきっと届いてるよ……。

服だって、なんだって、おばあちゃんのもの、そのままでいいよ。そのままにしてたほうが、きっとおばあちゃんもよろこぶよ。

だから、そんな悲しい目をしないで。おばあちゃんのぶんまで長生きしてね。

――おばあちゃんが死んでから6回目の夏。

その年の夏は、ものすごく暑い夏だった。

あまりの暑さで、アタシは一気に弱ってしまった。

おじいちゃんが、食べないとダメだぞって、アタシにごちそうを出してくれた。

だけど、食べようと思っても、食べられない……。お腹《なか》がすいた、って思うことも少なくなってしまったの。

「ユウ、せめて水くらい飲まんと……」

おじいちゃんは、ヤカンから直接アタシの口にお水を入れてくれた。

それからも、日に日にアタシは弱っていった。

立つこともできなくなって、ずっと横になったきりのアタシ。

暑くて、息をするのもやっとだった。そんな日が、しばらく続いた。

おじいちゃんは、アタシのおでこをなでながら、ずっと励《はげ》ましてくれてた。

「ユウ……大丈夫か？　ユウ……ユウ……」

アタシはシッポを少しだけ揺《ゆ》らしながら応えた。

おじいちゃん。ごめん……。アタシ、おじいちゃんと、ずっといっしょにいたかった。

がんばったけど、なんだか、もう無理みたい……。

おじいちゃんがアタシを抱き上げてくれた。

大きくて、ぶ厚くて、ゴツゴツしたおじいちゃんの手。いつものようにあたたかかった。

おじいちゃんの目を見たら、涙が流れていた。

おじいちゃんが泣いていた。アタシのために。

「もう、いいぞ……。もう、十分がんばった。ユウ、今までありがとうな……」

おじいちゃんが、そう言って泣いた。

おじいちゃん。ごめんね、アタシおじいちゃんとふたりで、たくさん、たくさん、いろんなことができて、とってもしあわせだった。

おばあちゃんのためにふたりで咲かせた、たくさんのお花。アタシ、忘れない。
咲いたお花を見たときの、おじいちゃんのやさしい目。アタシ、忘れない。
もっともっと、おじいちゃんのそばにいたかった。
もっともっと、お花を咲かせたかった。

おじいちゃん、ごめんね。いっしょにいてあげられなくて、ごめんね。
アタシ、おばあちゃんといっしょにいるから安心してね。
おじいちゃん。
ありがとう。

13

デン

またいつか、きっと……。

やさしかった日和《ひより》さん。
ボクは、あなたのことが大好きでした。
ずっとずっと、ボクを大事にしてくれてありがとう。
ボク、最期《さいご》にお礼が言いたかったんだ……。

やさしい日和《ひより》さんへ。

届くわけはないけど、手紙を書くね。

だって、日和さん、いつまでも泣いているから……。

日和さんと最初に出逢《であ》った日のことを、ボクは覚えているよ。

ペットショップのガラスの向こうで、日和さんはボクのことをニ

ニコニコと見つめていた。毎日まいにち、夕方になるとボクのところに来て、やさしい目で見つめてくれた。

ボクが首をかしげると、日和さんも同じように首をかしげていた。

日和さんのその楽しそうな姿を見て、ボクはちぎれてしまいそうになるほど、くるくるとシッポを振《ふ》った。

それからすぐだったね、ボクと日和さんが家族になったのは。

「今日から、家族だよ」

そのとき、ボクにはその言葉の意味がよくわからなかった。

でも、日和さんがぎゅっと抱《だ》きしめてくれたから、ボクはもうひとりぼっちじゃない、ってことがわかったんだ。


日和さんは、ボクの名前を真剣《しんけん》に悩《なや》んでいたね。

日和さんのパパが冗談《じょうだん》で「冬のボーナス一括払《いっかつばら》いで買ったんなら、いっそ『冬ボー』にしたら?」って言ってたね。日和さんは面白がって、しばらくボクをそう呼んでた。

ところが、ある日突然《とつぜん》「ひらめいた！」って言って、ボクの名前を「デン」にした。

ゴールデンレトリバーだから、ゴールデンの「デン」だって。

冬ボーとたいして変わらないよ。そう思ったけど、名前なんて何だってよかった。

だって、日和さんといっしょにいられるんだもん。

ボクは日和さんと過ごす冬が大好きだった。

雪が深く積もった公園のすべり台でのソリ遊び。日和さんは大よろこびだったね。大きな声で笑いながら、何度も何度も、ボクといっしょにソリに乗ってすべった。

日和さんはよく笑ってた。コロコロと本当によく笑ってたね。ボクは日和さんが笑っているだけでしあわせだった。本当にうれしくて、しかたなかったんだ。

笑いすぎて疲《つか》れた日和さんが、まどろんでいくのを見ると、ボクはまたうれしくなった。ボクはとにかく、日和さんといっしょにいられることがしあわせだったんだ。

日和さんが結婚したとき、ボク、本当は全然面白くなかったんだよ。ごめん……。

気に入らない男だ！——それが航平《こうへい》さんの第一印象だった。

日和さんはボクが守ると決めていたのに、いつの間にか、それが航平さんの役割みたいになってた。

日和さんも日和さんだった。今までボクに何でも話してくれていたのに、航平さんにばかり話すようになって……。

ボクは、それが気に入らなかった。

日和さんがどこかに行ってしまったようで、ホントは寂《さび》しかったんだ……。

これが人間でいう「しっと」だということを、ずいぶんあとになって、ボクは知った。

あんまり気に入らないから、1か月くらい航平さんのことを無視してやったんだよ。

日和さん、気がついてた？

航平さんと日和さんはとっても仲良しだったね。日和さんにばかり甘《あま》えるボクに、今度は航平さんが「しっと」してた。それでも、ボクには特別やさしくしてくれた。

5年くらい経《た》った頃だったかな？

日和さんに赤ちゃんができた。病院から帰ってきた日和さんが、大事そうに抱いていた赤ちゃんは、すごく小さな人間だった。

「デンはお兄ちゃんになったんだよ。仲良くしてね」

ボクはいつもミルクの匂《にお》いのする、その小さな人間に興味しんしんだった。

ボクはその小さな人間を「チビ」と名付けた。

チビは、ボクのことを何だと思っていたのか、たたいたり、シッポを引っぱったり。

昼寝《ひるね》のジャマなんていつものこと。おちおち眠《ねむ》ってもいられない日が続いた。あんまりしつこいときは、顔じゅうをなめて泣かせたこともあったっけ。あのときはごめんね……。


春はいっしょに散歩に出かけたね。川原の土手で見つけたよもぎの葉を、チビはたくさん摘《つ》んできて、日和さんといっしょにお団子を作ってた。

夏はチビとビニールプールの取り合い。チビがプールをひとり占めしちゃうから、ボクはカラダをブルブルっとやって、チビに水をいっぱいかけてやった。チビは泣くどころか、大笑いしてよろこんでいたね。

そして秋には松ぼっくり拾い。空港の公園の松林まで出かけて、3人でいっぱい拾った。いちばん大きいのを拾ったボクは、その日はヒーローだった！　日和さんは折り紙で作ったメダルをボクの首にかけてくれたね。

冬は雪合戦をした。チビが投げた雪玉を口でキャッチするのが、ボクたちの雪合戦。

口の中に入ったとたんに、溶《と》けていく雪はおいしかったな。

ボクがチビにやさしくしてたのは、日和さんの笑顔が見たかったから。

もちろんチビのことも好きだったけど、ボクがチビにやさしくしたときの、日和さんのしあわせそうな笑顔が見たかったんだ。

かけっこをすれば、ボクのほうがだんぜん速かった。日和さんは「すごいね」っていつもほめてくれた。ボクはほめてもらいたくて、精一杯《せいいっぱい》のアピールをしてたんだ。

チビよりもすごいんだぜ——それをいつも、日和さんにカラダで伝えていたんだ。

順番はチビに譲《ゆず》ってやった。ごはんも、おやつもボクは2番目でガマンした。

そうすると日和さんは、笑顔で「お兄ちゃんはえらいね」って、ほめてくれた

ね。

日和さんはときどき、チビを怒《おこ》ってたね。チビは「ダメよ」と言ったことを何度もやってしまうから。チビはそのたびに大きな声で泣いてた。

だけど、泣いているチビと、怒っている日和さんを見ているとき、ボクはなんだか悲しかった。だからボクは、チビにいちばんの宝物の「ジャンボ骨おやつ」をあげたりした。

それをくわえてチビに持っていくと、チビは泣き止むんだ。

チビが泣き止めば、日和さんが安心する。ボクにはそれしかできなかったから

……。

ボクのカラダが思うように動かなくなったのは、11歳になった頃だった。

長い距離《きょり》の散歩は、息切れがして苦しかった。

走ることもできなくなって、いつの間にか、チビのほうが速くなってた。

そしてある日、突然ボクのカラダがおかしくなってしまった。

カラダじゅうがけいれんして、息もできない時間がしばらく続く——そんな発

作を起こすようになった。その発作が起きると、ついおしっこをもらしてしまうほどだった。

たいていその発作は、昼間、ベランダにいるときに起きた。だから、日和さんにはわからなかった。

昼間は家に誰《だれ》もいない。ボクがお留守番の役目だったからね。

ある夜、リビングでその発作が起きたとき、日和さんはおしっこまみれのボクのカラダを抱きしめて、どうしていいのかわからないくらい取り乱した。

病院にも連れていってくれたけど、「原因はわかりません」ってお医者さんに言われてとまどってたね……。

ホントはね、あの頃ボクにはわかってたんだ。もうすぐ死ぬんだ――ってこと。

発作がくる間隔《かんかく》が短くなってきて、日和さんはボクのことで心を痛め、心配ばかりしていた。ボクにとってそれは、いちばんつらいことだった。

その頃から、チビが順番を譲ってくれるようになった。ごはんもおやつも、ボクがいちばんになった。チビはもうボクをたたくことも、シッポを引っぱることもしなくなっていた。

チビは、ボクのカラダをやさしくなでてくれるようになっていたんだよ。チビはときどき、「ママにはナイショだよ」って言って、自分のおやつもボクに分けてくれた。

日和さんのやさしさがチビに引き継《つ》がれたんだね。ボクはとってもうれしかった。

チビがやさしい子に育ってくれたから、日和さんはきっと大丈夫《だいじょうぶ》。これからもずっと、日和さんから笑顔が消えることはないって安心した。

6月。あの日は梅雨《つゆ》の時期にはめずらしいほどの快晴だった。

ボクはいつものようにベランダで日光浴をしていた。

そのときだった——ボクのカラダに最後の発作が現れた。

日和さんは仕事で家にはいなかった。チビは保育園だった。

発作の最中、ボクはわかった。ああ、これでサヨナラなんだ……って。

発作が治《おさ》まってから、ボクの意識はだんだん薄れていった。

ひとりで逝《い》くことは怖《こわ》くなかったけど、最後に日和さんの笑顔が見たかった。

たくさんの笑顔が浮《う》かんだんだ。

ボクの知っている日和さんの笑顔が、次から次へと浮かんだ……。


夕方になって、帰ってきた日和さんは、僕が死んだことに気づかずにいたね。

いつものように寝ていると思ったみたいだった。

「デン、ごはんだよ」

そう言って、ベランダに迎《むか》えに来てくれた日和さんは、ボクの動かなくなったカラダを何度もゆすってくれた。泣きながら、何度も何度も名前を呼んで……。

日和さんは、オシッコだらけのボクのカラダを抱きしめてくれた。

ボクにはもう、どうすることもできなかった。

涙《なみだ》をふいてあげることも、日和さんを笑顔にすることも……。

「デン……。デンは大きくて抱っこできなかったから、これからはずっと抱っこしてあげるね……」

日和さんはそう言って、骨になったボクをずっと抱きしめてくれた。

日和さんは、それからずっと言っていた。

ボクをひとりぼっちで死なせてしまったことを後悔《こうかい》している――って。

「最期《さいご》にボクの耳には何が聞こえたんだろう……」

「最期にボクの目には何が見えていたんだろう……」

そう言って、ずっとずっと、泣いていた。

ねえ、日和さん。ボクはひとりぼっちでも、さみしくなかったよ。

ボクの耳には鳥のさえずりが届いていたし、ボクの目には青い空が映っていた。

そして、ボクの心の中には、ずっと日和さんの笑顔があった。

ボクをニコニコして見つめてくれた、ガラスの向こうの日和さんの笑顔。

チビと同じように、ボクを大切にしてくれた日和さん。

日和さんの笑顔が見たくて、少しでもいっしょにいたくて、ただそれだけでしあわせだった毎日。

ボクは忘れない。

「今日から、家族だよ」

そう言って、ボクをぎゅっと抱きしめてくれたあの日の日和さんのことを。

日和さん、ボクを見つけてくれてありがとう。

ボクといっしょにいてくれてありがとう。

日和さんの笑顔がボクのいちばんのしあわせだったよ。

だから……もう泣かないで。日和さんが泣いている姿を見るのは、ボク、つらいんだ。

そんなに泣いてると、きっとチビが心配しちゃうよ。

日和さん。またいつか、きっと……。
その日まで、笑顔でいてね。

14
コタロウ

しあわせになってね。

お父さんとふたり暮らしの桜《さくら》ちゃん。
キミを元気にするため、ボクはやってきた。
あれから十数年——桜ちゃんはすっかり大人になった。
いろんなことがあったけど、しあわせになってね。

ボクの名前は「コタロウ」。玄関《げんかん》のかたすみにボクの家はある。お父さんがボクのために作ってくれた立派なおうち。秋の終わりには、お日さまの匂《にお》いがする新しいワラが入れられた。最高のわが家《や》だ。

この家に来たのは、15年前のことだ。

桜《さくら》ちゃんのお母さんが病気で亡くなって、泣いてばかりいた桜ちゃん。桜ちゃんが寂《さび》しくないようにって、お父さんがボクを家族として迎《むか》えてくれた。

その頃、桜ちゃんはまだ小学2年生だった。何やら赤いものを背中に背負って、毎朝出かけていった。

「桜はね、まいにちガッコウに行ってるんだよ」

桜ちゃんは、ガッコウから帰ってくると、ボクを散歩に連れてってくれた。

ボクは桜ちゃんとの散歩が大好きだった。

あの頃の電信柱は、みんな木でできていた。黒くてものすごい匂いを放つ電信柱に、ボクはマーキングをする。

マーキングはボクの大切な仕事だ。仲間たちへの〝あいさつ〟だから、毎日同じ場所にボクの匂いをつけておかなければならない。「元気か？」という匂いに、「元気だ」と返す。

人間にはわからない、ボクたちのコミュニケーションなんだ。

「もっと先の電信柱まで！」

そう思うボクと、それをイヤがる桜ちゃん。散歩をすると、ボクたちはいつも綱引《つなひ》き状態になった。

「コタロウ、もう帰ろうよ……」

泣きそうな顔でそう言われると、ボクはつらかった。家から離れた場所に行くことを桜ちゃんはとても怖《こわ》がった。だから、ボクはガマンした。ボクが、桜ちゃんを泣かすわけにはいかない。桜ちゃんを笑顔にするために、ボクはこの家に来たんだから。それは、お父さんとの約束でもあった。


大きくなった桜ちゃんは、今度は毎日同じ服でガッコウに行くようになった。

そんな頃から、桜ちゃんとお父さんはよく口げんかをするようになった。

桜ちゃんの反抗《はんこう》的な態度に、お父さんはいつも困っていた。

「年頃の女の子って、難しいな……」

お父さんは、ボクにそうつぶやいていた。

ボクには、お父さんの気持ちがよくわかった。

お父さんはずっとがんばってきた。お母さんの代わりに、お料理もお洗濯《せんたく》もがんばった。

そして毎日まいにち、変わることなく桜ちゃんを愛し続けた。

でも、桜ちゃんが変わってしまった。つまり、〝大人〟になったんだ。

散歩をしていても、桜ちゃんはあんまり楽しそうじゃなかった。散歩用のリードに付け替《か》えるときから「早く帰りたい」という気持ちが、ボクには伝わっていた。

ガッコウから帰ってくる時間も、暗くなってからになることが増えた。夜は遅《おそ》くまで部屋に灯《あか》りがついていた。どうやら「ダイガクジュケン」というものをするらしい。桜ちゃんの悩《なや》んだような、考え込むような顔は、そのせいだった。

ボクは何にもできなかった。できるのは散歩を手短《てみじか》に済ませることくらい。いつもの道をいつも通り、少しでも早い時間で帰る。ボクにはそのくらいしかできなかった。

「ダイガクジュケン」が終わったある日、桜ちゃんが言い出した。

「コタロウ、今日はもう少し先まで行ってみようか！」

やわらかい日差しの中、桜ちゃんと川沿いの土手まで行った。

初めての場所で、ボクは興奮した。

桜ちゃんは、鼻歌を歌いながら歩いていた。ボクは桜ちゃんの鼻歌と、初めての場所に来たことで大よろこび。はずむような足取りで、桜ちゃんの歩幅《ほはば》に合わせて歩いた。

大きな橋の横で、ボクたちは休憩《きゅうけい》した。

桜ちゃんは土手に寝《ね》そべって大きく深呼吸。とっても気持ちよさそうだった。

「コタロウ……明日、合格発表なんだ。受かってたらいいな。この街から離れたくないんだ。お父さんのこと置いていけないもん。ひとりにできないもんね……」

あんなにお父さんに冷たくしてた桜ちゃんだったのに、本当はお父さんのことが大好きなんだな。どうして好きなら好きって言わないんだろう？　ボクたち犬と違って、人間は言葉が使えるのに。ボクは不思議でしかたなかった。

ボクたちは、久しぶりにゆっくりとした時間を過ごした……。

「コタロウ！　合格したよ！」

次の日、桜ちゃんはそう言いながら、ボクをギュッと抱《だ》きしめた。

「そうか、おめでとう。もう大学生か……早いもんだな」

ちょっと涙《なみだ》ぐんで、お父さんがつぶやいた。

いつの間にかお父さんの黒い髪は、白くなっていた。きっと、お父さんがいちばんうれしいんだろうな。ボクは、そっとお父さんのとなりに寄《よ》り添《そ》った。

その日から、桜ちゃんは足取りも軽やかに、ボクと散歩をしてくれるようになった。

週に1度は「冒険散歩《ぼうけんさんぽ》」だった。

ボクと桜ちゃんは初めての場所で、たくさんの神社や公園を発見した。

新しい道、いろんな道を、どんどん前に進んでいく冒険散歩。

桜ちゃんは、怖がることなく前へ前へとどんどん進む。涙目で「もう帰ろうよ」と言う桜ちゃんではなくなっていた。大人の女性になっていた。

そして桜ちゃんは、いつの間にかお母さんみたいな口ぶりで、お父さんとお話しするようになっていた。

「こうしなさい、ああしなさいって、ずいぶん口うるさくなったもんだ……」

お父さんは苦笑いしながら、桜ちゃんをやさしい目で見つめていた。

「コタロウ！ 冒険に行こう！」

あの日も、いつもと同じだった。

初めての道を選びながら、ふたりでどんどん前を歩いていった。

人がたくさんいる商店街に入った。固くて冷たいコンクリートでできた電信柱に、僕は「初めまして」のマーキングをしようとした。立ち止まろうと思ったけど、桜ちゃんは鼻歌を歌いながら、軽やかに歩いている。

（次の電信柱でいいか……）

そう思った瞬間《しゅんかん》、交差点からすごいスピードで車が走ってきた。

桜ちゃんが車に倒《たお》された。ボクの前を歩いていた桜ちゃんが、急にいなくなった。

あたりを見わたすと、道路の真ん中に桜ちゃんが倒れていた。

ボクは今までにないほど、いっぱい吠《ほ》えた。

（何がどうなったんだ⁉）

ボクは吠え続けた。たくさんの人たちが桜ちゃんのまわりに集まってきた。「キユウキュウシャ」という言葉が聞こえた。そして、桜ちゃんの声もかすかに聞こえた。

桜ちゃんは、ボクの名前を呼んでいた。ボクは桜ちゃんの顔をなめた。

（ボクはここにいるよ！　桜ちゃん……）

桜ちゃんの目から涙が流れた。ボクの名前を呼びながら、桜ちゃんは泣いていた。

「ごめんね……」

そう言いながら、桜ちゃんは泣いていた。なんで謝るの？　謝るのはボクのほうだ。

ボクがあのとき、電信柱に「初めまして」をしていればよかったんだ。そしたら、桜ちゃんにこんな痛い思いをさせることはなかったのに……。

ごめんよ、ごめんよ……桜ちゃん。お願いだから泣かないで。

（桜ちゃん、起きて。さあ、いっしょに帰ろう。いっしょに帰ろうよ……）

ボクは桜ちゃんの服をひっぱった。家に連れて帰らなきゃ。お父さんが心配するよ。

ボクは全身の力を使って、桜ちゃんの服をひっぱり続けた。

そのときだった。ボクを抱きしめてくれた人がいた。

「大丈夫《だいじょうぶ》。きっと大丈夫だよ」

そう耳元でささやきながら、ボクを落ち着かせてくれた人がいた。

「僕はお医者さんなんだ。僕がキミのお姉さんを治すから、大丈夫」

その人はそう言って、桜ちゃんといっしょに救急車に乗って病院に行ってしまった。

ボクのカラダは、まだ震《ふる》えたままだった。

――1か月ほど経《た》った頃、桜ちゃんはようやくボクのところに帰ってきてくれた。

だけど事故のせいで、桜ちゃんの足はうまく動かなくなっていた。トコトコとゆっくり歩く桜ちゃんを見るたびに、ボクの胸は痛んだ。

それでも桜ちゃんは、いつでも笑顔だった。

桜ちゃんが笑顔でいればいるほど、ボクの胸は痛んだ。代わってあげられるものなら、代わってあげたかった。ボクは自分を責め続けた。

ボクがあのとき――それを思うと、ボクのカラダはいつも震えた。

少し不自由な足で、桜ちゃんは大学に通って、そして卒業した。

卒業までの4年間、桜ちゃんはたくさんの努力をしていた。だけど不自由な足のため、いろんなことをあきらめたし、いろんなことをガマンしていた。

ときにはこっそり泣いていた。台所でお皿を洗いながら、桜ちゃんはひとりで泣いていることもあった。ボクは足元で横になって、桜ちゃんのそばにいた。

それくらいしか、ボクにはできなかった。

でも、いやなことばかりじゃなかった。

「コタロウ。桜の足を治してくれた先生だよ。堀《ほり》せんせいっていうの」

桜ちゃんにそう紹介された。事故が起きたとき、ボクを抱きしめてくれた人だった。

堀せんせいは、桜ちゃんが退院してから、ときどきうちにやってきていた。堀せんせいが来ると、桜ちゃんは笑顔になった。今まで見たことがないくらいに笑う。堀せんせいも、桜ちゃんの笑顔を見てしあわせそうだった。

桜ちゃんが大学生の間、堀せんせいは、ずっと桜ちゃんを励《はげ》ましてくれていた。しあわせそうに笑う桜ちゃんを見て、ボクは少しだけほっとできた。それでも、事故の日のことを思い出すと、ボクのカラダは震えた。ボクはいつまで経っても、自分を責め続けていた。

そんなある日、震えるボクをしっかりと抱きしめながら、桜ちゃんが言った。

「コタロウ……。大丈夫だよ。桜がこうなったのは、コタロウのせいなんかじゃない。誰《だれ》のせいでもないの……。だからね、コタロウ。もう怖がらないで。桜は今、とってもしあわせなんだよ」

その日から、ボクの震えはなくなった。

それから1年——。

桜ちゃんが、明日、結婚をする。堀せんせいとだ。

結婚式のリハーサルの日、桜ちゃんはウエディングドレスを着てボクに見せてくれた。

「コタロウ！　きれい？」

ボクはおどろいた。きれいだった……。年をとって、よく見えなくなってしまったボクの目でも、はっきりわかるほど桜ちゃんは本当にきれいだった。

ボクは、まだ小さかった頃の桜ちゃんを思い出していた。カパカパと大きな靴《くつ》音《おと》を鳴らしながら、走って帰ってきた桜ちゃん。遠くに行くのが怖くて、涙目になっていた桜ちゃん――。

あんなに小さかった桜ちゃんが、花嫁さんになる。

ボクは、輝《かがや》くような桜ちゃんを見つめながら、ゆったりとシッポを振《ふ》った。

桜ちゃん、おめでとう。

しあわせになってね。

著者書き下ろしエッセイ

わたしとデニィ

デニィはゴールデンレトリバーの男子。この春、6歳になった。

顔がずいぶんと白くなってきたけれど、体力の衰《おとろ》えも気力の低下もない。

デニィはたくさんの驚《おどろ》きと笑いを届けるために、我が家にやってきたに違いない。そう確信している。

デニィは基本穏《おだ》やかだ。平成から令和になった瞬間《しゅんかん》も、緊急事態《きんきゅうじたい》宣言が出されたあの朝も、私の隣にいてくれた。穏やかな顔とどっしりとした身体、そして温かい体温は、いつも私を安心させる。この原稿を書いている今も、私の足元に突《つ》っ伏《ぶ》して眠《ねむ》っている。

体重40kgのデニィ。太っているのではなく、筋肉質。吠《ほ》えることはほぼなく、ここ何年も声を聞いていない。家の中ではのそりのそりと歩き、ソファの上でへソ天で熟睡《じゅくすい》。雷《かみなり》が鳴っても、花火が上がっても、救急車が家の前を通っても、頭をぬわんっと持ち上げて「なんか大きい音するね」という顔をするだけ。デニィにとって家の中は安全地帯。清潔で快適で静かな家の中は、デニィにとって絶対安全な場所なのだ。いたずらもせず、留守番もしてくれるデニィ。不安なこと、心配なことが襲《おそ》ってきても、デニィの顔を見ているだけで「大《だい》丈夫《じょうぶ》、大丈夫」と思えてくるから不思議なものだ。私は支えられてばかりいる。

と書くと、犬との暮らしって最高！　理想の暮らし！　って見えるけど、実は大変なこともたくさんある。

例えば。先日。

朝から動物病院へ行ってきた。待ち時間はたいてい2時間越《ご》え。密を回避《かいひ》するため、車中でデニィと待つ。外は炎天下《えんてんか》。暑がりのデニィのために、エアコンはフル稼働《かどう》。ぼんやり待つ。午前中はほぼ丸つぶれだ。

呼ばれて待合室に入ると、デニィは挙動不審《きょどうふしん》。うろうろ、ハアハア。シッポはお腹側《なかがわ》に丸めて格納。瞳孔《どうこう》は開きっぱなしだ。診察台《しんさつだい》にはすんなりと乗ってくれるが、診察の間はガッチガチ。優しくて若い看護師さんに向かって涙目《なみだめ》で訴《うった》える「俺《おれ》はどこも悪くないから帰らせてくれ」。ダメです、ダメです。胃腸が不調なんですから。と私の一言でうなだれる。もう、頭さえお腹にくっつくのではないか、と思えるほどうなだれる。なぜかいつも、先生に背を向けて座るデニィ。怖《こわ》くて先生の顔を見ることができないデニィ。先生に名前を呼ばれると、耳だけを少しそちらに向ける。たぶん、デニィは先生が男性か女性かすらわかっていないと思う。そのくらい病院は苦手。その苦手な病院へ連れていくのは、本当に大変なことなのだ。

まだまだある。病院から出される薬のほとんどは、体重によって量が変わる。40kgあるデニィに処方される薬の量は人間並で、そして金額は人間の倍。看護師さんが差し出した電卓の中の数字を見るたび、私の心の声は悲鳴をあげる。「ひぃぃ……マジっすか……」。

最近はこの数字にも慣れてきたけれど、これもまた本当に大変。

例えば、今日。

台風接近！　勢力ましまして上陸なう。という、そんな朝でも、デニィを連れて散歩に行かねばならない。外では街路樹がグオングオン揺《ゆ》れている。でも、そんなことは関係ない。台風の中もデニィとともに外へ出かけなければならない。それは雨の降り続く梅雨《つゆ》も、暑い夏も、雪で一面真っ白な冬も同じ。今日は止《や》めておこう、ということは絶対にない。

日の出とともに私のベッドへやってきて、寝《ね》ている私を覗《のぞ》き込《こ》む。その希望に満ちた瞳《ひとみ》。キラキラと輝《かがや》く瞳を見れば、散歩へ行くのを止めるなんてできるはずがない。玄関《げんかん》の扉《とびら》を開け、大荒《おおあ》れの様子を見ても、デニィの瞳から輝きが消えることはない。「早く行こうぜ！　うんちしたらボール投げろよな」。シッポを大きく振《ふ》りながら私を見上げるデニィ。

「それは無理なんじゃないっすか?」。言って聞かすが、こういう時は聞こえないふり。

時に、命の危険を伴《ともな》う散歩。それを決行するって本当に大変なこと。

例えば、これは毎日の話。

デニィは私のストーカーだ。でも私がキッチンに立ったときとご飯を食べるとき限定のストーカーなのだ。

私がキッチンに立つと、それまで熟睡していたはずなのに、慌《あわ》ててやってくる。「かあちゃん野菜を切る↓時々落ちてくる↓俺のもの」。期待に胸を膨《ふく》らませ、シッポを大きく揺らす。そのシッポが冷蔵庫に当たって、ドン! ドン! ドン! 瞳をキラキラ輝かせながら野菜落とせコールだ。

食事の時はテーブルの下に突っ伏して待つ。「かあちゃん、箸《はし》からツルっと食べ物を落とす↓俺のもの」。ここでは落ちてから口に入れるまでの時間が勝負らしい。あっ！　と思った時にはすでにデニィのお口の中だ。素早い。こんなに素早く動けるのか？　と驚く。

犬には与えてはいけない食べ物があるので、細心の注意が必要だ。落とさないように、気をつけながら切る。あるいは食べる。これって意外と大変なこと。

他にも大変なことはまだまだある。

今ではあまりないけれど、泣きたくなることだってたくさんあった。自分以外の命を守るって、簡単なことじゃないし、胸が潰《つぶ》れそうになることだってある。これからもたくさんあると思う。

だけど、それを含めてもデニィが愛《いと》しくて仕方ない。

デニィからはたくさんのことを与えてもらっている。幸せだと思える毎日、愛すること、見守ること、前を向くこと、忘れること、ただ生きること。

こんなにも私を愛してくれる存在に、私も何か返したい。何も返さないなんてできるはずがない！

デニィがどのように生きるかは、私次第だ。どんなふうに1日を過ごすか、どこへ出かけるか、どんなお友達に出会うか、何を食べるか。すべてが私にかかっている。私が何もしなければ、彼の世界は広がらない。どこにも出かけなければ、誰《だれ》にも出会わない。食べ物だって食べられない。デニィの世界は私次第なのである。

おはようからおやすみまで、私はデニィを愛している。デニィが幸せだと思うことが、私の幸せそのものなのです。

（2021・7・29）

文庫版あとがき

「犬は人が指さした方向を見るし、人間と見つめ合う」——心理学を勉強していた時に知った犬の行動。この行動を自分の目で確かめたくて、たくさんの犬とそのご家族に会いに行ったのは、もう10年も前のことです。引きこもりがちだった私にとっては緊張《きんちょう》の連続、大冒険《だいぼうけん》でした。

その後、それらの出会いが物語となり、本となり、そしてこのたび文庫という形になりました。

たくさんの方々と犬たちに、ありがとうと伝えたい気持ちでいっぱいです。

本当にありがとうございました。

あのあと、7年ぶりにゴールデンレトリバーのデニィを迎《むか》え、私の人生はどっぷり犬まみれとなっています。

犬って本当にスゴイんです。

デニィと毎日いっしょに過ごしていると、犬がどれだけ素晴らしい生き物か痛感します。かわいいのです。愛《いと》おしいのです。この感情は息子の存在に対するのと同じくらいです。いや……。もしかすると、それよりももっともっと愛おしいかもしれません。時には大人の男、時には3歳児。そんなデニィを喜ばせたくて、試行錯誤《しこうさくご》の毎日です。犬と暮らすことで、自分の毎日がこんなにも明るくなるなんて、こんなにも笑顔であふれるなんて、想像できませんでした。

そんな私とデニィとの暮らしをこの本に書き足しました。もっともっとご紹介したいところですが、今回はここまで。

クスッと笑っていただけたら幸いです。

1匹でも多くの犬が幸せな犬生を送れますように。
ひとりでも多くの方が犬との幸せな毎日を過ごせますように。

2021年10月　秋晴れの山形にて

山口　花

解説

一緒にいることで、お互いが幸せになれる

森泉

子どもの数よりペットの数のほうが多いペット大国・日本で、しばしば報じられるのが飼育放棄《ほうき》などによってもたらされる犬や猫たちの悲劇です。しかし、そんな中にあって、人と犬とのつながりが本来どれほど素晴らしく、幸福に満ちたものか、温かな実感をもって伝えてくれるのがこの本です。

短編集なので手に取りやすく、最初は気軽に読み始められるのですが、読んでいくうちに、ここに書かれているワンちゃんたちからどんどん目が離せなくなっていきます。ああ、可愛いなあと微笑《ほほえ》ましく思ったり、つらい状況に置かれているワンちゃんに胸が締《し》めつけられる思いがしたり。でも、つらさや悲しみにも救いがあって、最後はほっと幸せな気持ちになれる。気が滅入《めい》るような出来事も多い今の世の中だからこそ、こうした感情と出会える喜びをいっそう強く感じます。

本の中のどのワンちゃんにも、作者の温かなまなざしが注がれているのが手に取るようにわかります。読み進めていくと、自分が飼っている、あるいは飼っていた犬たちと重なってくるのです。書かれているのは別の子の話なのに、「ああ、わかる！」「うちと同じだ」「そうそう、あのときはこうだったよね」と、いろいろな思い出もよみがえってきて、感動を覚えました。

今、我が家には5匹の犬がいます。

〈ゆき〉は、ロングコートチワワの男の子。ホームセンターのペットショップに1年くらいずっといた子を引き取りました。はじめは里親を探すつもりだったのが、すっかりなじんでうちの子に。もう12歳の高齢者です。

〈ココ〉は8歳。うちで一番やんちゃな子です。多頭《たとう》飼《が》い崩壊《ほうかい》で保護された35匹のうちの1匹で、私が一時的に預かって、のちに私の旦那《だんな》さんになる人のお母さんに「里親になりませんか」と勧めていました。その子を彼が飼うことになり、私が彼と結婚したので、私のところに舞い戻ってきたというわけです。最初のころは遠吠《とおぼ》えがすごくて、目つきも怖《こわ》かったのですが、今はすっかり穏《おだ》やかになって、3歳になる娘のボディガード兼遊び相手になっています。

〈エバ〉は北海道の山の中で生まれた野犬の子。たまたま仕事で北海道に行っていたときに、生まれているのが見つかって、きょうだい5匹のうちの1匹を引き取ることになりました。性格はかなり臆病《おくびょう》。紅一点の6歳です。

〈ジュピター〉は最近お迎えした6歳の男の子。里親サイトを覗《のぞ》いていて見つけた子です。とても可愛くて、問い合わせもたくさん来ていたのですが、なかなか飼い主が決まらず、私が手を挙げたというわけです。あまり人慣れしていなくて、とくに男の人が苦手らしく、うちの旦那さんはよく吠えられています。

トイプードルの〈モーグリ〉は、テレビのロケで動物病院に行ったときに出会った子です。不慮《ふりょ》の事故で背骨を折ってしまって、下半身が動きません。飼い主さんが病院に連れてきたのですが、手術をしても治らないとわかると、連絡がつかなくなってしまった。つまり、置き去りにされてしまったのです。

この本の中で、交通事故に遭《あ》って足を1本失くしてしまった「ハナ」ちゃんを、これから子どもが生まれてくる若い夫婦が引き取ろうと決めたお話は、モーグリと重なりました。自分にも大きな変化が訪れようとしているときにもかかわらず、足を失くして、トラウマもあって、普通のワンちゃんを飼うよりずっとハードルが高い子を、きっぱり引き取りますと言いきった奥さんの覚悟が素敵でした。

ハナちゃんは、3本の足で立ち上がりますが、うちのモーグリは車いす生活をしていました。でも、車いすでも障がいを持っていない子よりも速く走れるほどでした。3本足で駆けていくハナちゃんと、車いすながらも後ろを振り向かず猛スピードで前へ進んでいったモーグリが、私にはだぶって見えました。今はもう13歳。年を取って前足も弱ってきたので、車いすには乗れなくなってしまいましたが、まだまだ元気。おいしそうにご飯を食べている姿を見ると嬉《うれ》しくなります。

このお話でもうひとつ思ったのが、小さな子どもの力です。ハナちゃんに元気をくれたのは生まれたばかりの桃《もも》ちゃんでした。子どもは邪念《じゃねん》や雑念がない分、犬と通じ合う何かがあるのでしょうか。人間があまり好きじゃないとか、心を開いてくれないとか、うちにもいろいろなワンちゃんがやってきますが、娘がいると不思議と早く打ち解けていくんです。ふたりで何か会話をしているようだったり、手からご飯を食べさせていたり、私にはできないことができていて、子どもの無垢《むく》な力というものを思い知らされます。

こんなふうにうちは常ににぎやかにやっているわけですが、人と犬との出会いというのは、本当に不思議なものだなと思います。この本の中でもさまざまな出会いが描かれていますが、やはりそこには縁《えん》としか言いようのない不思議な巡り合わせがあるように思うのです。

私が一番初めに飼った犬は、ミニチュア・ピンシャーの〈ディエゴ〉で、17年という長い年月を一緒に過ごしました。

小さい頃から犬を飼いたくて仕方なかったのですが、ちゃんと面倒を見られないだろうという母の判断で、許してはもらえませんでした。高校時代をアメリカで過ごし、そのまま向こうで進学するか、日本へ帰ってくるか決めかねていたときに、父から「帰ってくるなら犬を飼っていいよ」と言われ、即、日本への帰国を決めました。

帰国してから友だちの家に遊びに行った際、そこへたまたま保護した犬のもらい手を探しているという電話があって、その場で迎えに行ったのがディエゴです。

アメリカから帰ってきて始めたばかりのモデルの仕事に戸惑いもあった頃の私と、静岡の山中で保護されて東京に連れてこられたディエゴ。まったく新しい環境の中で、お互いがお互いを必要としていたと、私は勝手に思っています。人生の節目に出会って、ずっとそばにいてくれたディエゴに、私は本当に救われました。ディエゴからはいつも幸せをもらっていたし、ディエゴがいると思うだけで力が湧《わ》いてきたのです。

今、ワンちゃんたちの保護活動のお手伝いをさせていただいているのも、その恩返しを少しでもしたいと思ってのことです。

この本のお話に共通しているのは、ワンちゃんを迎え入れたことで、人も、犬も、みんなが豊かになっているということです。それまでずっとシンプルに生きてきた女性が、被災地の犬と暮らし始める話も、救われたのは犬だけではありませんでした。助けた側も救われていたり、世話をしている飼い主も癒《い》やされていたり。一緒にいることでお互いが幸せになっていく——それこそが作者が伝えたかったことではないでしょうか。

実は、ついこの間まで、我が家にはもう1匹の犬がいました。シャーペイという犬種の〈シュウマイ〉です。この本に出てくるフレンチブルドッグの「空知《そらち》」と同じ鼻ペチャの短頭種《たんとうしゅ》。とってもブサイクでいながら、すごく可愛い、いわゆるブサカワ犬です。

うちに来たときにはもう8歳になっていて、そのとき患《わずら》っていた皮膚《ひふ》病はだいぶよくなってきていたのですが、胃腸が弱く、ここへきて口の中にガンができたりと、満身創痍《まんしんそうい》でした。シャーペイはもともと、皮膚病や、呼吸器の病気にかかりやすく、あまり長生きできない犬種と言われています。なんでこんなに生きにくく生まれちゃったのだろうと複雑な感情も抱いてしまうのですが、それでも最後まで一生懸命に生きてくれました。

シュウマイが生きている間に私もできるだけのことはやったと思えるので、悲しみはありません。しかし、最初にディエゴを見送ったときは、やはりひどく落ち込んで、「ああすればよかった、こうすればよかった」と後悔しつづけました。

でも、その姿を見ているほかの子たちは絶対に幸せじゃないと気づいたのです。くよくよしているくらいなら、自分のやれるだけのことをやって、あとは楽しい思い出をありがとうと感謝したい。そうでないと、ワンちゃんにも申し訳ない。いろんな子を看取《みと》るうちに、そんなふうに思うようになりました。

この本の中にも、ワンちゃんたちからのお別れの言葉が出てきます。それを読んで、こんなふうに言ってもらえたらいいな、言ってもらえるように愛情をいっぱいあげて、みんなと楽しく暮らしていこうって、改めて思いました。

犬と暮らすなら、お互いにハッピーじゃないと意味がありません。そんなハッピーがこの本の中にはたくさん詰《つ》まっています。

この本を読んで、犬との暮らしって素敵だなと思う人がいて、ワンちゃんたちに良い出会いがひとつ、生まれればいいなと願っています。

（もり・いずみ／モデル、タレント）

―本書のプロフィール―

本書は、２０１２年に東邦出版から出版された書籍を加筆修正した上で文庫化したものです。

小学館文庫

犬《いぬ》から聞《き》いた素敵《すてき》な話《はなし》
涙《なみだ》あふれる14の物語《ものがたり》

著者　山口《やまぐち》　花《はな》

二〇二一年十一月十日　初版第一刷発行

発行人　飯田昌宏
発行所　株式会社　小学館
〒一〇一-八〇〇一
東京都千代田区一ッ橋二-三-一
電話　編集〇三-三二三〇-五一一七
販売〇三-五二八一-三五五五
印刷所 ――― 凸版印刷株式会社

造本には十分注意しておりますが、印刷、製本など製造上の不備がございましたら「制作局コールセンター」(フリーダイヤル〇一二〇-三三六-三四〇)にご連絡ください。(電話受付は、土・日・祝休日を除く九時三〇分～一七時三〇分)

この文庫の詳しい内容はインターネットで24時間ご覧になれます。
小学館公式ホームページ　https://www.shogakukan.co.jp

ISBN978-4-09-407084-2